PHYSIOLOGIE

DU GOUT

TOME SECOND

ÉDITION JOUAUST

PARIS, 1879

PHYSIOLOGIE DU GOUT

PHYSIOLOGIE

DU GOUT

DE BRILLAT-SAVARIN

AVEC UNE

PRÉFACE PAR CH. MONSELET

Eaux-fortes par Ad. Lalauze

TOME SECOND

PARIS

LIBRAIRIE DES BIBLIOPHILES

Rue Saint-Honoré, 338

M DCCC LXXIX

MÉDITATION XVII

DU REPOS

---

82. — L'homme n'est pas fait pour jouir d'une activité indéfinie : la nature ne l'a destiné qu'à une existence interrompue ; il faut que ses perceptions finissent après un certain temps. Ce temps d'activité peut s'allonger, en variant le genre et la nature des sensations qu'il lui fait éprouver ; mais cette continuité d'existence l'amène à désirer le repos. Le repos conduit au sommeil, et le sommeil produit les rêves.

Ici, nous nous trouvons aux dernières limites de

II

I

l'humanité, car l'homme qui dort n'est déjà plus l'homme social; la loi le protège encore, mais ne lui commande plus.

Ici se place naturellement un fait assez singulier, qui m'a été raconté par dom Duhaget, autrefois prieur de la chartreuse de Pierre-Châtel.

Dom Duhaget était d'une très bonne famille de Gascogne, et avait servi avec distinction : il avait été vingt ans capitaine d'infanterie; il était cheva-lier de Saint-Louis. Je n'ai connu personne d'une piété plus douce et d'une conversation plus aimable.

«Nous avions, me disait-il, à...., où j'ai été prieur avant que de venir à Pierre-Châtel, un reli-gieux d'une humeur mélancolique, d'un caractère sombre, et qui était connu pour être somnambule.

«Quelquefois, dans ses accès, il sortait de sa cellule et y rentrait seul; d'autres fois il s'égarait, et on était obligé de l'y reconduire. On avait con-sulté, et fait quelques remèdes; ensuite, les rechutes étant devenues plus rares, on avait cessé de s'en occuper.

«Un soir que je ne m'étais point couché à l'heure ordinaire, j'étais à mon bureau, occupé à examiner quelques papiers, lorsque j'entendis ouvrir la porte de mon appartement, dont je ne retirais presque jamais la clef, et bientôt je vis entrer ce religieux dans un état absolu de somnambulisme.

«Il avait les yeux ouverts, mais fixes, n'était

vêtu que de la tunique avec laquelle il avait dû se coucher, et tenait un grand couteau à la main.

« Il alla droit à mon lit, dont il connaissait la position, eut l'air de vérifier, en tâtant avec la main, si je m'y trouvais effectivement ; après quoi, il frappa trois grands coups, tellement fournis qu'après avoir percé les couvertures la lame entra profondément dans le matelas, ou plutôt dans la natte qui m'en tenait lieu.

« Lorsqu'il avait passé devant moi, il avait la figure contractée et les sourcils froncés. Quand il eut frappé, il se retourna, et j'observai que son visage était détendu et qu'il y régnait quelque air de satisfaction.

« L'éclat de deux lampes qui étaient sur mon bureau ne fit aucune impression sur ses yeux, et il s'en retourna comme il était venu, ouvrant et fermant avec discrétion deux portes qui conduisaient à ma cellule, et bientôt je m'assurai qu'il se retirait directement et paisiblement dans la sienne.

« Vous pouvez juger, continua le prieur, de l'état où je me trouvai pendant cette terrible apparition. Je frémis d'horreur à la vue du danger auquel je venais d'échapper, et je remerciai la Providence ; mais mon émotion était telle qu'il me fut impossible de fermer les yeux le reste de la nuit.

« Le lendemain, je fis appeler le somnambule, et

lui demandai sans affectation à quoi il avait rêvé
la nuit précédente.

« A cette question, il se troubla. « Mon père, me
« répondit-il, j'ai fait un rêve si étrange que j'ai
« véritablement quelque peine à vous le découvrir :
« c'est peut-être l'œuvre du démon ; et..... — Je
« vous l'ordonne, lui répliquai-je ; un rêve est tou-
« jours involontaire, ce n'est qu'une illusion. Par-
« lez avec sincérité. — Mon père, dit-il alors, à
« peine étais-je couché que j'ai rêvé que vous aviez
« tué ma mère, que son ombre sanglante m'était
« apparue pour demander vengeance, et qu'à cette
« vue j'avais été transporté d'une telle fureur que
« j'ai couru comme un forcené à votre appartement,
« et, vous ayant trouvé dans votre lit, je vous y ai
« poignardé. Peu après, je me suis réveillé tout en
« sueur, en détestant mon attentat, et bientôt j'ai
« béni Dieu qu'un si grand crime n'ait pas été
« commis....... — Il a été plus commis que vous
« ne pensez, lui dis-je avec sérieux et tranquillité. »

« Alors je lui racontai ce qui s'était passé, et
lui montrai la trace des coups qu'il avait cru
m'adresser.

« A cette vue, il se jeta à mes pieds, tout en
larmes, gémissant du malheur involontaire qui avait
pensé arriver, et implorant telle pénitence que je
croirais devoir lui infliger.

« Non, non, m'écriai-je, je ne vous punirai

« point d'un fait involontaire ; mais désormais je
« vous dispense d'assister aux offices de la nuit, et
« vous préviens que votre cellule sera fermée en
« dehors, après le repas du soir, et ne s'ouvrira
« que pour vous donner la facilité de venir à la
« messe de famille qui se dit à la pointe du jour. »

Si dans cette circonstance, à laquelle il n'échappa
que par miracle, le prieur eût été tué, le moine
somnambule n'eût pas été puni, parce que c'eût
été de sa part un meurtre involontaire.

Temps du repos.

83. — Les lois générales imposées au globe
que nous habitons ont dû influer sur la manière
d'exister de l'espèce humaine. L'alternative de jour
et de nuit qui se fait sentir sur toute la terre avec
certaines variétés, mais cependant de manière qu'en
résultat de compte l'une et l'autre se compensent,
a indiqué assez naturellement le temps de l'activité
comme celui du repos ; et probablement l'usage de
notre vie n'eût point été le même si nous eussions
eu un jour sans fin.

Quoi qu'il en soit, quand l'homme a joui pendant une certaine durée de la plénitude de sa vie,
il vient un moment où il ne peut plus y suffire :
son impressionnabilité diminue graduellement, les
attaques les mieux dirigées sur chacun de ses sens

demeurent sans effet, les organes se refusent à ce qu'ils avaient appelé avec plus d'ardeur, l'âme est saturée de sensations : le temps du repos est arrivé..

Il est facile de voir que nous avons considéré l'homme social environné de toutes les ressources et du bien-être de la haute civilisation : car ce besoin de se reposer arrive bien plus vite et bien plus régulièrement pour celui qui subit la fatigue d'un travail assidu dans son cabinet, dans son atelier, en voyage, à la guerre, à la chasse ou de toute autre manière.

A ce repos, comme à tous les actes conservateurs, la nature, cette excellente mère, a joint un grand plaisir.

L'homme qui se repose éprouve un bien-être aussi général qu'indéfinissable; il sent ses bras retomber par leur propre poids, ses fibres se distendre, son cerveau se rafraîchir; ses sens sont calmes, ses sensations obtuses; il ne désire rien, il ne réfléchit plus; un voile de gaze s'étend sur ses yeux. Encore quelques instants, et il dormira.

A 1.

MÉDITATION XVIII

DU SOMMEIL

84. — Quoiqu'il y ait quelques hommes tellement organisés qu'on peut presque dire qu'ils ne
dorment pas, cependant il est de vérité générale
que le besoin de dormir est aussi impérieux que la
faim et la soif. Les sentinelles avancées, à l'armée,
s'endorment souvent, tout en se jetant du tabac
dans les yeux; et Pichegru, traqué par la police de
Bonaparte, paya 30,000 francs une nuit de sommeil, pendant laquelle il fut vendu et livré.

Définition.

85. — Le sommeil est cet état d'engourdisse-
ment dans lequel l'homme, séparé des objets extérieurs par l'inactivité forcée des sens, ne vit plus
que de la vie mécanique.

Le sommeil, comme la nuit, est précédé et suivi
de deux crépuscules, dont le premier conduit à l'i-
nertie absolue, et le second ramène à la vie active.

Tâchons d'examiner ces divers phénomènes.

Au moment où le sommeil commence, les organes des sens tombent peu à peu dans l'inaction :
le goût d'abord, la vue et l'odorat ensuite ; l'ouïe
veille encore, et le toucher toujours : car il est là
pour nous avertir, par la douleur, des dangers que
le corps peut courir.

Le sommeil est toujours précédé d'une sensation plus ou moins voluptueuse : le corps y tombe
avec plaisir par la certitude d'une prompte restauration, et l'âme s'y abandonne avec confiance, dans
l'espoir que les moyens d'activité y seront retrempés.

C'est faute d'avoir bien apprécié cette sensation,
cependant si positive, que des savans du premier
ordre ont comparé le sommeil à la mort, à laquelle
tous les êtres vivants résistent de toutes leurs forces,
et qui est marquée par des symptômes si particuliers, et qui font horreur même aux animaux.

Comme tous les plaisirs, le sommeil devient une passion, car on a vu des personnes dormir les trois quarts de leur vie ; et, comme toutes les passions, il ne produit alors que des effets funestes, savoir : la paresse, l'indolence, l'affaiblissement, la stupidité et la mort.

L'école de Salerne n'accordait que sept heures de sommeil, sans distinction d'âge ou de sexe. Cette doctrine est trop sévère : il faut accorder quelque chose aux enfans par besoin, et aux femmes par complaisance ; mais on peut regarder comme certain que toutes les fois qu'on passe plus de dix heures au lit il y a excès.

Dans les premiers momens du sommeil crépusculaire, la volonté dure encore : on pourrait se réveiller, l'œil n'a pas perdu toute sa puissance. *Non omnibus dormio* disait Mécènes ; et dans cet état plus d'un mari a acquis de fâcheuses certitudes. Quelques idées naissent encore, mais elles sont incohérentes ; on a des lueurs douteuses, on croit voir voltiger des objets mal terminés. Cet état dure peu ; bientôt tout disparaît, tout ébranlement cesse, et on tombe dans le sommeil absolu.

Que fait l'âme pendant ce temps ? Elle vit en elle-même ; elle est comme le pilote pendant le calme, comme un miroir pendant la nuit, comme un luth dont personne ne touche ; elle attend de nouvelles excitations.

Cependant quelques psychologues, et entre autres M. le comte de Redern, prétendent que l'âme ne cesse jamais d'agir ; et ce dernier en donne pour preuve que tout homme qu'on arrache à son premier sommeil éprouve la sensation de celui qu'on trouble dans une opération à laquelle il serait sérieusement occupé.

Cette observation n'est pas sans fondement, et mérite d'être attentivement vérifiée.

Au surplus, cet état d'anéantissement absolu est de peu de durée (il ne passe presque jamais cinq ou six heures); peu à peu, les pertes se réparent, un sentiment obscur d'existence commence à renaître, et le dormeur passe dans l'empire des songes.

Méditation XIX.

MÉDITATION XIX

DES RÊVES

Les rêves sont des impressions unilatérales qui arrivent à l'âme sans le secours des objets extérieurs.

Ces phénomènes, si communs et en même temps si extraordinaires, sont cependant encore peu connus.

La faute en est aux savans, qui ne nous ont point encore laissé un corps d'observations suffisant. Ce secours indispensable viendra avec le temps, et la double nature de l'homme en sera mieux connue.

Dans l'état actuel de la science, il doit rester pour convenu qu'il existe un fluide, aussi subtil que puissant, qui transmet au cerveau les impressions reçues par les sens, et que c'est par l'excitation que causent ces impressions que naissent les idées.

Le sommeil absolu est dû à la déperdition et à l'inertie de ce fluide.

Il faut croire que les travaux de la digestion et de l'assimilation, qui sont loin de s'arrêter pendant le sommeil, réparent cette perte : de sorte qu'il est un temps où l'individu, ayant déjà tout ce qu'il faut pour agir, n'est point encore excité par les objets extérieurs.

Alors le fluide nerveux, mobile par sa nature, se porte au cerveau par les conduits nerveux ; il s'insinue dans les mêmes endroits et dans les mêmes traces, puisqu'il arrive par la même voie ; il doit donc produire les mêmes effets, mais cependant avec moins d'intensité.

La raison de cette différence me paraît facile à saisir. Quand l'homme éveillé est impressionné par un objet extérieur, la sensation est précise, soudaine et nécessaire ; l'organe tout entier est en mouvement. Quand, au contraire, la même impression lui est transmise pendant son sommeil, il n'y a que la partie postérieure des nerfs qui soit en mouvement ; la sensation doit nécessairement être moins vive et moins positive ; et, pour être plus

facilement entendu, nous disons que chez l'homme
éveillé il y a percussion de tout l'organe, et que
chez l'homme dormant il n'y a qu'ébranlement de
la partie qui avoisine le cerveau.

Cependant on sait que dans les rêves voluptueux la nature atteint son but à peu près comme
dans la veille; mais cette différence naît de la différence même des organes : car le génésique n'a besoin
que d'une excitation, quelle qu'elle soit, et chaque
sexe porte avec soi tout le matériel nécessaire
pour la consommation de l'acte auquel la nature
l'a destiné.

Recherche à faire.

86. — Quand le fluide nerveux est ainsi porté
au cerveau, il y afflue toujours par les couloirs
destinés à l'exercice de quelqu'un de nos sens; et
voilà pourquoi il y éveille certaines sensations, ou
certaines séries d'idées préférablement à d'autres.
Ainsi, on croit voir, quand c'est le nerf optique
qui est ébranlé; entendre, quand ce sont les nerfs
auditifs, etc.; et remarquons ici, comme une singularité, qu'il est au moins très rare que les sensations qu'on éprouve en rêvant se rapportent au
goût et à l'odorat : quand on rêve d'un parterre
ou d'une prairie, on voit des fleurs sans en sentir
le parfum; si l'on croit assister à un repas, on en
voit les mets sans en savourer le goût.

Ce serait un travail digne des plus savans que de rechercher pourquoi deux de nos sens n'impressionnent point l'âme pendant le sommeil, tandis que les quatre autres jouissent de presque toute leur puissance. Je ne connais aucun psychologue qui s'en soit occupé.

Remarquons aussi que plus les affections que nous éprouvons en dormant sont intérieures, plus elles ont de force. Ainsi, les idées les plus sensuelles ne sont rien auprès des angoisses qu'on ressent si on rêve qu'on a perdu un enfant chéri, ou qu'on va être pendu. On peut se réveiller, en pareil cas, tout trempé de sueur ou tout mouillé de larmes.

Nature des songes.

87. — Quelle que soit la bizarrerie des idées qui quelquefois nous agitent en dormant, cependant, en y regardant d'un peu près, on verra que ce ne sont que des souvenirs, ou des combinaisons de souvenirs. Ainsi, je suis tenté de dire que les songes ne sont que la mémoire des sens.

Leur étrangeté ne consiste donc qu'en ce que l'association de ces idées est insolite, parce qu'elle s'est affranchie des lois de la chronologie, des convenances et du temps ; de sorte qu'en dernière analyse, personne n'a jamais rêvé à ce qui lui était auparavant tout à fait inconnu.

On ne s'étonnera pas de la singularité de nos rêves si on réfléchit que, pour l'homme éveillé, quatre puissances se surveillent et se rectifient réciproquement, savoir : la vue, l'ouïe, le toucher et la mémoire; au lieu que, chez celui qui dort, chaque sens est abandonné à ses seules ressources.

Je serais tenté de comparer ces deux états du cerveau à un piano près duquel serait assis un musicien qui, jetant par distraction les doigts sur les touches, y formerait, par réminiscence, quelque mélodie, et qui pourrait y ajouter une harmonie complète s'il usait de tous ses moyens. Cette comparaison pourrait se pousser beaucoup plus loin, en ajoutant que la réflexion est aux idées ce que l'harmonie est aux sons, et que certaines idées en contiennent d'autres, tout comme un son principal en contient aussi d'autres qui lui sont secondaires, etc., etc.

Système du docteur Gall.

88. — En me laissant doucement conduire par un sujet qui n'est pas sans charmes, me voilà parvenu aux confins du système du docteur Gall, qui enseigne et soutient la multiformité des organes du cerveau.

Je ne dois donc pas aller plus loin, ni franchir les limites que je me suis fixées; cependant, par

amour pour la science, à laquelle on peut bien
voir que je ne suis pas étranger, je ne puis m'empêcher de consigner ici deux observations que j'ai
faites avec soin, et sur lesquelles on peut d'autant
mieux compter que parmi ceux qui me liront il
existe plusieurs personnes qui pourraient en attester
la vérité.

Première observation.

Vers 1790, il existait, dans un village appelé
Gevrin, arrondissement de Belley, un commerçant
extrêmement rusé; il s'appelait Landot, et s'était
arrondi une assez jolie fortune.

Il fut tout à coup frappé d'un tel coup de paralysie qu'on le crut mort. La Faculté vint à son
secours, et il s'en tira, mais non sans perte, car
il laissa derrière lui à peu près toutes ses facultés
intellectuelles, et surtout la mémoire.

Cependant, comme il se traînait encore tant
bien que mal, et qu'il avait repris l'appétit, il avait
conservé l'administration de ses biens.

Quand on le vit dans cet état, ceux qui avaient
eu des affaires avec lui crurent que le temps était
venu de prendre leur revanche, et, sous prétexte de
venir lui tenir compagnie, on venait de toutes parts
lui proposer des marchés, des achats, des ventes,
des échanges et autres de cette espèce qui avaient
été jusque-là l'objet de son commerce habituel.

Mais les assaillans se trouvèrent bien surpris, et sentirent bientôt qu'il fallait décompter.

Le madré vieillard n'avait rien perdu de ses puissances commerciales ; et le même homme qui quelquefois ne reconnaissait pas ses domestiques et oubliait jusqu'à son nom était toujours au courant du prix de toutes les denrées, ainsi que de la valeur de tout arpent de prés, de vignes ou de bois à trois lieues à la ronde.

Sous ces divers rapports, son jugement était resté intact ; et, comme on s'en défiait moins, la plupart de ceux qui tâtèrent le marchand invalide furent pris aux pièges qu'eux-mêmes avaient préparés pour lui.

Deuxième observation.

Il existait à Belley un M. Chirol, qui avait servi longtemps dans les gardes du corps, tant sous Louis XV que sous Louis XVI.

Son intelligence était tout juste à la hauteur du service qu'il avait eu à faire toute sa vie ; mais il avait au suprême degré l'esprit des jeux : de sorte que non seulement il jouait bien tous les jeux anciens, tels que l'hombre, le piquet, le whist, mais encore, quand la mode en introduisait un nouveau, dès la troisième partie il en connaissait toutes les finesses.

Or ce M. Chirol fut aussi frappé de paralysie, et le coup fut tel qu'il tomba dans un état d'insensibilité presque absolue. Deux choses cependant furent épargnées, les facultés digestives et la faculté de jouer.

Il venait tous les jours dans la maison où depuis plus de vingt ans il avait coutume de faire sa partie, s'asseyait en un coin, et y demeurait immobile et somnolent, sans s'occuper en rien de ce qui se passait autour de lui.

Le moment d'arranger les parties étant venu, on lui proposait d'y prendre part ; il acceptait toujours, se traînait vers la table, et là on pouvait se convaincre que la maladie qui avait paralysé la plus grande partie de ses facultés ne lui avait pas fait perdre un point de son jeu. Peu de temps avant sa mort, M. Chirol donna une preuve authentique de l'intégrité de son existence comme joueur.

Il nous survint à Belley un banquier de Paris qui s'appelait, je crois, M. Delins.

Il était porteur de lettres de recommandation ; il était étranger, il était Parisien : c'était plus qu'il n'en fallait dans une petite ville pour qu'on s'empressât à faire tout ce qui pouvait lui être agréable.

M. Delins était gourmand et joueur.

Sous le premier rapport, on lui donna suffisamment d'occupation en le tenant chaque jour cinq ou six heures à table.

Sous le second rapport, il était plus difficile à amuser : il avait un grand amour pour le piquet, et parlait de jouer à six francs la fiche, ce qui excédait de beaucoup le taux de notre jeu le plus cher.

Pour surmonter cet obstacle, on fit une société où chacun prit ou ne prit pas intérêt, suivant la nature de ses pressentimens : les uns disant que les Parisiens en savent bien plus long que les provinciaux; d'autres soutenant, au contraire, que tous les habitans de cette grande ville ont toujours dans leur individu quelques atomes de badauderie.

Quoi qu'il en soit, la société se forma ; et à qui confia-t-on le soin de défendre la masse commune?... A M. Chirol.

Quand le banquier parisien vit arriver cette grande figure, pâle, blême, marchant de côté, qui vint s'asseoir en face de lui, il crut d'abord que c'était une plaisanterie; mais quand il vit le spectre prendre les cartes et les battre en professeur, il commença à croire que cet adversaire avait autrefois pu être digne de lui.

Il ne fut pas longtemps à se convaincre que cette faculté durait encore : car non seulement à cette partie, mais encore à un grand nombre d'autres qui se succédèrent, M. Delins fut battu,

opprimé, plumé tellement qu'à son départ il eut
à nous compter plus de six cents francs, qui furent
soigneusement partagés entre les associés.

Avant de partir, M. Delins vint nous remercier
du bon accueil qu'il avait reçu de nous ; cependant
il se récriait sur l'état caduc de l'adversaire que
nous lui avions opposé, et nous assurait qu'il ne
pourrait jamais se consoler d'avoir lutté avec tant
de désavantage contre un mort.

Résultat.

La conséquence de ces deux observations est
facile à déduire : il me semble évident que le coup
qui, dans ces deux cas, avait bouleversé le cerveau,
avait respecté la portion de cet organe qui avait si
longtemps été employée aux combinaisons du
commerce et du jeu ; et sans doute cette portion
d'organe n'avait résisté que parce qu'un exercice
continuel lui avait donné plus de vigueur, ou
encore parce que les mêmes impressions si longtemps répétées y avaient laissé des traces plus
profondes.

Influence de l'âge.

89. — L'âge a une influence marquée sur la
nature des songes.

Dans l'enfance, on rêve jeux, jardins, fleurs,

verdures et autres objets riants ; plus tard, plaisirs, amours, combats, mariages ; plus tard, établisse- mens, voyages, faveurs du prince ou de ses repré- sentans ; plus tard enfin, affaires, embarras, tré- sors, plaisirs d'autrefois, et amis morts depuis long- temps.

Phénomènes des songes.

90. — Certains phénomènes peu communs accompagnent quelquefois le sommeil et les rêves : leur examen peut servir aux progrès de l'anthropo- nomie ; et c'est par cette raison que je consigne ici trois observations prises parmi plusieurs que pendant le cours d'une assez longue vie j'ai eu occasion de faire sur moi-même dans le silence de la nuit.

Première observation.

Je rêvai, une nuit, que j'avais trouvé le secret de m'affranchir des lois de la pesanteur, de manière que, mon corps étant devenu indifférent à monter ou descendre, je pouvais faire l'un ou l'autre avec une facilité égale et d'après ma volonté.

Cet état me paraissait délicieux, et peut-être bien des personnes ont rêvé quelque chose de pareil ; mais ce qui devient plus spécial, c'est que je me souviens que je m'expliquais à moi-même très clairement (ce me semble du moins) les moyens qui m'avaient conduit à ce résultat. Ces moyens me paraissaient tellement simples que je m'étonnais qu'ils n'eussent pas été trouvés plus tôt.

En m'éveillant, cette partie explicative m'échappa tout à fait, mais la conclusion m'est restée; et, depuis ce temps, il m'est impossible de ne pas être persuadé que, tôt ou tard, un génie plus éclairé fera cette découverte, et, à tout hasard, je prends date.

Deuxième observation.

91. — Il n'y a que peu de mois que j'éprouvai, en dormant, une sensation de plaisir tout à fait extraordinaire.

Elle consistait en une espèce de frémissement délicieux de toutes les particules qui composent mon être. C'était une espèce de fourmillement plein de charmes, qui, partant de l'épiderme depuis les pieds jusqu'à la tête, m'agitait jusque dans la moelle des os. Il me semblait voir une flamme violette qui se jouait autour de mon front.

Lambere flamma comas, et circum tempora verti.

J'estime que cet état, que je sentis bien physiquement, dura au moins trente secondes; et je me réveillai rempli d'un étonnement qui n'était pas sans quelque mélange de frayeur.

De cette sensation, qui est encore très présente
à mon souvenir, et de quelques observations qui
ont été faites sur les extatiques et sur les nerveux,
j'ai tiré la conséquence que les limites du plaisir ne
sont encore ni connues ni posées, et qu'on ne sait
pas jusqu'à quel point notre corps peut être béa-
tifié. J'ai espéré que, dans quelques siècles, la
physiologie à venir s'emparera de ces sensations
extraordinaires, les procurera à volonté, comme on
provoque le sommeil par l'opium, et que nos ar-
rière-neveux auront par là des compensations
pour les douleurs atroces auxquelles nous sommes
quelquefois soumis.

La proposition que je viens d'énoncer a quelque
appui dans l'analogie : car j'ai déjà remarqué que
le pouvoir de l'harmonie, qui procure des jouissances si vives, si pures et si avidement recherchées, était totalement inconnu aux Romains ;
c'est une découverte qui n'a pas plus de cinq cents
ans d'antiquité.

Troisième observation.

92. — En l'an VIII (1800), m'étant couché
sans aucun antécédent remarquable, je me réveillai vers une heure du matin, temps ordinaire de
mon premier sommeil ; je me trouvai dans un état
d'excitation cérébrale tout à fait fait extraordi-

naire : mes conceptions étaient vives, mes pensées profondes ; la sphère de mon intelligence
me paraissait agrandie. J'étais levé sur mon séant,
et mes yeux étaient affectés de la sensation
d'une lumière pâle, vaporeuse, indéterminée, et
qui ne servait en aucune manière à faire distinguer
les objets.

A ne consulter que la foule d'idées qui se succédèrent rapidement, j'aurais pu croire que cette
situation dura plusieurs heures ; mais, d'après ma
pendule, je suis certain qu'elle ne dura qu'un peu
plus de demi-heure.

J'en fus tiré par un incident extérieur et indépendant de ma volonté ; je fus rappelé aux choses
de la terre.

A l'instant la sensation lumineuse disparut, je
me sentis déchoir ; les limites de mon intelligence
se rapprochèrent : en un mot, je redevins ce que
j'étais la veille.

Mais, comme j'étais bien éveillé, ma mémoire,
quoique avec des couleurs ternes, a retenu une
partie des idées qui traversèrent mon esprit.

Les premières eurent le temps pour objet. Il me
semblait que le passé, le présent et l'avenir étaient
de même nature et ne faisaient qu'un point, de
sorte qu'il devait être aussi facile de prévoir l'avenir que de se souvenir du passé.

Voilà tout ce qu'il m'est resté de cette première

intuition, qui fut en partie effacée par celles qui suivirent.

Mon attention se porta ensuite sur les sens ; je les classai par ordre de perfection, et, étant venu à penser que nous devions en avoir autant à l'intérieur qu'à l'extérieur, je m'occupai à en faire la recherche.

J'en avais déjà trouvé trois, et presque quatre, quand je retombai sur la terre ; les voici :

1º La *compassion*, qui est une sensation précordiale, qu'on éprouve quand on voit souffrir son semblable ;

2º La *prédilection*, qui est un sentiment de préférence non seulement pour un objet, mais pour tout ce qui tient à cet objet ou en rappelle le souvenir ;

3º La *sympathie*, qui est aussi un sentiment de préférence qui entraîne deux objets l'un vers l'autre.

On pourrait croire, au premier aspect, que ces deux sentimens ne sont qu'une seule et même chose ; mais ce qui empêche de les confondre, c'est que la *prédilection* n'est pas toujours réciproque, et que la *sympathie* l'est nécessairement.

Enfin, en m'occupant de la *compassion*, je fus conduit à une induction que je crois très juste, et que je n'aurais pas aperçue en un autre moment, savoir : que c'est de la compassion que dérive ce beau théorème, base première de toutes les législations :

NE FAIS PAS AUX AUTRES CE QUE TU NE VOUDRAIS PAS QUON TE FIT.

Do as you will be done by.
Alteri ne facias quod tibi fieri non vis.

Telle est, au surplus, l'idée qui m'est restée de l'état où j'étais, et de ce que j'éprouvai dans cette occasion, que je donnerais volontiers, s'il était possible, tout le temps qui me reste à vivre pour un mois d'une existence pareille.

Les gens de lettres me comprendront bien plus facilement que les autres, car il en est peu à qui il ne soit arrivé, à un degré sans doute très inférieur, quelque chose de semblable.

On est dans son lit, couché bien chaudement, dans une position horizontale, et la tête bien couverte.

On pense à l'ouvrage qu'on a sur le métier, l'imagination s'échauffe, les idées abondent, les expressions les suivent ; et, comme il faut se lever pour écrire, on s'habille, on quitte son bonnet de nuit, et on se met à son bureau.

Mais voilà que tout à coup on ne se retrouve plus le même ; l'imagination s'est refroidie, le fil des idées est rompu, les expressions manquent ; on est obligé de chercher avec peine ce qu'on avait si facilement trouvé, et fort souvent on est contraint d'ajourner le travail à un jour plus heureux.

Tout cela s'explique facilement par l'effet que doit produire sur le cerveau le changement de position et de température : on retrouve encore ici l'influence du physique sur le moral.

En creusant cette observation, j'ai été conduit trop loin peut-être, mais enfin j'ai été conduit à penser que l'exaltation des Orientaux était due en partie à ce qu'étant de la religion de Mahomet, ils ont toujours la tête chaudement couverte, et que c'est pour obtenir l'effet contraire que tous les législateurs des moines leur ont imposé l'obligation d'avoir cette partie du corps découverte et rasée.

Observation XX.

MÉDITATION XX

DE L'INFLUENCE DE LA DIÈTE

SUR LE REPOS, LE SOMMEIL ET LES SONGES

---

93. — Que l'homme se repose, qu'il s'endorme ou qu'il rêve, il ne cesse d'être sous la puissance des lois de la nutrition, et ne sort pas de l'empire de la gastronomie.

La théorie et l'expérience s'accordent pour prouver que la qualité et la quantité des alimens influent puissamment sur le travail, le repos, le sommeil et les rêves.

Effets de la diète sur le travail.

94. — L'homme mal nourri ne peut longtemps suffire aux fatigues d'un travail prolongé ; son corps se couvre de sueur ; bientôt ses forces l'abandonnent, et pour lui le repos n'est autre chose que l'impossibilité d'agir.

S'il s'agit d'un travail d'esprit, les idées naissent sans vigueur et sans précision ; la réflexion se refuse à les joindre, le jugement à les analyser ; le cerveau s'épuise dans ces vains efforts, et on s'endort sur le champ de bataille.

J'ai toujours pensé que les soupers d'Auteuil, ainsi que ceux des hôtels de Rambouillet et de Soissons, avaient fait grand bien aux auteurs du temps de Louis XIV ; et le malin Geoffroy (si le fait eût été vrai) n'aurait pas tant eu tort quand il plaisantait les poètes de la fin du XVIIIe siècle sur l'eau sucrée, qu'il croyait leur boisson favorite.

D'après ces principes, j'ai examiné les ouvrages de certains auteurs connus pour avoir été pauvres et souffreteux, et je ne leur ai véritablement trouvé d'énergie que quand ils ont dû être stimulés par le sentiment habituel de leurs maux, ou par l'envie, souvent assez mal dissimulée.

Au contraire, celui qui se nourrit bien et qui répare ses forces avec prudence et discernement peut suffire à une somme de travail qu'aucun être animé ne peut supporter.

La veille de son départ pour Boulogne, l'empereur Napoléon travailla pendant plus de trente heures, tant avec son conseil d'État qu'avec les divers dépositaires de son pouvoir, sans autre réfection que deux très courts repas et quelques tasses de café.

Brown parle d'un commis de l'amirauté d'Angleterre qui, ayant perdu par accident des états auxquels seul il pouvait travailler, employa cinquante-deux heures consécutives à les refaire. Jamais, sans un régime approprié, il n'eût pu faire face à cette énorme déperdition; il se soutint de la manière suivante : d'abord de l'eau, puis des alimens légers, puis du vin, puis des consommés, enfin de l'opium.

Je rencontrai un jour un courrier que j'avais connu à l'armée, et qui arrivait d'Espagne, où il avait été envoyé en dépêches par le gouvernement (*correo ganando horas. — Esp.*); il avait fait le voyage en douze jours, s'étant arrêté à Madrid seulement quatre heures. Quelques verres de vin et quelques tasses de bouillon, voilà tout ce qu'il avait pris pendant cette longue suite de secousses et d'insomnies; et il ajoutait que des alimens plus solides l'eussent infailliblement mis dans l'impossibilité de continuer sa route.

Sur les rêves.

95. — La diète n'a pas une moindre influence sur le sommeil et sur les rêves.

Celui qui a besoin de manger ne peut pas dormir ; les angoisses de son estomac le tiennent dans un réveil douloureux, et, si la faiblesse et l'épuisement le forcent à s'assoupir, ce sommeil est léger, inquiet et interrompu.

Celui qui, au contraire, a passé dans son repas les bornes de la discrétion, tombe immédiatement dans le sommeil absolu ; s'il a rêvé, il ne lui en reste aucun souvenir, parce que le fluide nerveux s'est croisé en tous sens dans les canaux sensitifs. Par la même raison, son réveil est brusque, il revient avec peine à la vie sociale, et, quand le sommeil est tout à fait dissipé, il se ressent encore longtemps des fatigues de la digestion.

On peut donner comme maxime générale que le café repousse le sommeil. L'habitude affaiblit et fait même totalement disparaître cet inconvénient ; mais il a infailliblement lieu chez tous les Européens quand ils commencent à en prendre.

Quelques alimens, au contraire, provoquent doucement le sommeil : tels sont ceux où le lait domine, la famille entière des laitues, la volaille, le pourpier, la fleur d'oranger, et surtout la pomme de reinette, quand on la mange immédiatement avant que de se coucher.

Suite.

96.—L'expérience, assise sur des millions d'observations, a appris que la diète détermine les rêves.

En général, tous les alimens qui sont légèrement excitans font rêver : tels sont les viandes noires, les pigeons, le canard, le gibier, et surtout le lièvre.

On reconnaît encore cette propriété aux asperges, au céleri, aux truffes, aux sucreries parfumées, et particulièrement à la vanille.

Ce serait une grande erreur de croire qu'il faut bannir de nos tables les substances qui sont ainsi somnifères : car les rêves qui en résultent sont en général d'une nature agréable, légère, et prolongent notre existence, même pendant le temps où elle paraît suspendue.

Il est des personnes pour qui le sommeil est une vie à part, une espèce de roman prolongé; c'est-à-dire que leurs songes ont une suite; qu'ils achèvent dans la seconde nuit celui qu'ils avaient commencé la veille; et qu'ils voient, en dormant, certaines physionomies qu'ils reconnaissent pour les avoir déjà vues, et que cependant ils n'ont jamais rencontrées dans le monde réel.

Résultat.

97. — L'homme qui a réfléchi sur son existence physique, et qui la conduit d'après les principes que nous développons, celui-là prépare avec
sagacité son repos, son sommeil et ses rêves.

Il partage son travail de manière à ne jamais
s'excéder; il le rend plus léger en le variant avec discernement, et rafraîchit son aptitude par de courts
intervalles de repos, qui le soulagent sans inter-
rompre la continuité, qui est quelquefois un devoir.

Si, pendant le jour, un repas plus long lui est
nécessaire, il ne s'y livre jamais que dans l'attitude de session, se refuse au sommeil, à moins
qu'il n'y soit invinciblement entraîné, et se garde
bien surtout d'en contracter l'habitude.

Quand la nuit a amené l'heure du repos diurnal,
il se retire dans une chambre aérée, ne s'entoure
point de rideaux qui lui feraient cent fois respirer
le même air, et se garde bien de fermer les volets
de ses croisées, afin que, toutes les fois que son
œil s'entr'ouvrira, il soit consolé par un reste de
lumière.

Il s'étend dans un lit légèrement relevé vers la
tête; son oreiller est de crin, son bonnet de
nuit est de toile; son buste n'est point accablé

sous le poids des couvertures, mais il a soin que ses pieds soient chaudement couverts.

Il a mangé avec discernement, ne s'est refusé à la bonne ni à l'excellente chère ; il a bu les meilleurs vins, et, avec précaution, même les plus fumeux. Au dessert, il a plus parlé de galanterie que de politique, et a fait plus de madrigaux que d'épigrammes ; il a pris une tasse de café, si sa constitution s'y prête, et accepté, après quelques instances, une cuillerée d'excellente liqueur, seulement pour parfumer sa bouche. En tout, il s'est montré convive aimable, amateur distingué, et n'a cependant outrepassé que de peu la limite du besoin.

En cet état, il se couche content de lui et des autres, ses yeux se ferment, il traverse le crépuscule, et tombe, pour quelques heures, dans le sommeil absolu.

Bientôt la nature a levé son tribut ; l'assimilation a remplacé la perte. Alors, des rêves agréables viennent lui donner une existence mystérieuse ; il voit les personnes qu'il aime, retrouve ses occupations favorites, et se transporte aux lieux où il s'est plu.

Enfin, il sent le sommeil se dissiper par degrés, et rentre dans la société sans avoir à regretter de temps perdu, parce que, même dans son sommeil, il a joui d'une activité sans fatigue et d'un plaisir sans mélange.

Méditation XXI

MÉDITATION XXI

DE L'OBÉSITÉ

---

98. — Si j'avais été médecin avec diplôme,
j'aurais d'abord fait une monographie de l'obésité ;
j'aurais ensuite établi mon empire dans ce recoin
de la science, et j'aurais eu le double avantage
d'avoir pour malades les gens qui se portent le
mieux, et d'être journellement assiégé par la plus
jolie moitié du genre humain : car, avoir une juste
portion d'embonpoint, ni trop, ni trop peu, est
pour les femmes l'étude de toute la vie.

Ce que je n'ai pas fait, un autre docteur le fera ;

et, s'il est à la fois savant, discret et beau garçon, je lui prédis des succès à miracles.

Exoriare aliquis nostris ex ossibus hæres !

En attendant, je vais ouvrir la carrière, car un article sur l'obésité est de rigueur dans un ouvrage qui a pour objet l'homme en tant qu'il se repaît.

J'entends par *obésité* cet état de congestion graisseuse où, sans que l'individu soit malade, les membres augmentent peu à peu en volume, et perdent leur forme et leur harmonie primitive.

Il est une sorte d'obésité qui se borne au ventre ; je ne l'ai jamais observée chez les femmes : comme elles ont généralement la fibre plus molle, quand l'obésité les attaque, elle n'épargne rien. J'appelle cette variété *gastrophorie,* et *gastrophores* ceux qui en sont atteints. Je suis même de ce nombre ; mais, quoique porteur d'un ventre assez proéminent, j'ai encore le bas de la jambe sec, et le nerf détaché comme un cheval arabe.

Je n'en ai pas moins toujours regardé mon ventre comme un ennemi redoutable ; je l'ai vaincu et fixé au majestueux ; mais, pour le vaincre, il fallait le combattre : c'est à une lutte de trente ans que je dois ce qu'il y a de bon dans cet essai.

Je commence par un extrait de plus de cinq cents dialogues que j'ai eus autrefois avec mes voisins de table menacés ou affligés d'obésité.

L'OBÈSE.

Dieux! quel pain délicieux! Où le prenez-vous donc?

MOI.

Chez M. Limet, rue de Richelieu; il est le boulanger de LL. AA. RR. le duc d'Orléans et le prince de Condé; je l'ai pris parce qu'il est mon voisin, et je le garde parce que je l'ai proclamé le premier panificateur du monde.

L'OBÈSE.

J'en prends note : je mange beaucoup de pain, et, avec de pareilles flûtes, je me passerais de tout le reste.

AUTRE OBÈSE.

Mais que faites-vous donc là? Vous recueillez le bouillon de votre potage, et vous laissez ce beau riz de la Caroline?

MOI.

C'est un régime particulier que je me suis fait.

L'OBÈSE.

Mauvais régime! Le riz fait mes délices, ainsi que les fécules, les pâtes et autres pareilles; rien ne nourrit mieux, à meilleur marché, et avec moins de peine.

UN OBÈSE *renforcé*.

Faites-moi, Monsieur, le plaisir de me passer les pommes de terre qui sont devant vous. Au train dont on va, j'ai peur de ne pas y être à temps.

MOI.

Monsieur, les voilà à votre portée.

L'OBÈSE.

Mais vous allez sans doute vous servir? Il y en a assez pour nous deux; et après nous le déluge.

MOI.

Je n'en prendrai pas : je n'estime la pomme de terre que comme préservatif contre la famine ; à cela près, je ne trouve rien de plus éminemment fade.

L'OBÈSE.

Hérésie gastronomique ! Rien n'est meilleur que les pommes de terre ; j'en mange de toutes les manières ; et, s'il en paraît au second service, soit à la lyonnaise, soit au soufflé, je fais ici mes protestations pour la conservation de mes droits.

UNE DAME OBÈSE.

Vous seriez bien bon si vous envoyiez chercher

pour moi de ces haricots de Soissons que j'aperçois au bout de la table.

MOI, *après avoir exécuté l'ordre, et en chantonnant tous bas sur un air connu.*

Les Soissonnais sont heureux ;
Les haricots sont chez eux...

L'OBÈSE.

Ne plaisantez pas, c'est un vrai trésor pour ce pays-là. Paris en tire pour des sommes considérables. Je vous demande grâce aussi pour les petites fèves de marais, qu'on appelle *fèves anglaises* ; quand elles sont encore vertes, c'est un manger des dieux.

MOI.

Anathème aux haricots ! anathème aux fèves de marais !...

L'OBÈSE, *d'un air résolu.*

Je me moque de votre anathème ! Ne dirait-on pas que vous êtes à vous seul tout un concile ?

MOI, *à une autre.*

Je vous félicite sur votre belle santé ; il me semble, Madame, que vous avez un peu engraissé depuis la dernière fois que j'ai eu l'honneur de vous voir.

L'OBÈSE.

Je le dois probablement à mon nouveau régime.

MOI.

Comment donc ?

L'OBÈSE.

Depuis quelque temps, je déjeune avec une bonne soupe grasse, un bol comme pour deux ! et quelle soupe encore ! la cuiller y tiendrait droite.

MOI, *à une autre.*

Madame, si vos yeux ne me trompent pas, vous accepterez un morceau de cette charlotte ? et je vais l'attaquer en votre faveur.

L'OBÈSE.

Eh bien, Monsieur, mes yeux vous trompent ; j'ai ici deux objets de prédilection, et ils sont tous du genre masculin : c'est ce gâteau de riz à côtes dorées, et ce gigantesque biscuit de Savoie : car vous saurez, pour votre règle, que je raffole de pâtisseries sucrées.

MOI, *à une autre.*

Pendant qu'on politique là-bas, voulez-vous, Madame, que j'interroge pour vous cette tourte à la frangipane ?

L'OBÈSE.

Très volontiers : rien ne me va mieux que la pâtisserie. Nous avons un pâtissier pour locataire, et, entre ma fille et moi, je crois bien que nous absorbons le prix de la location, et peut-être au delà.

MOI, *après avoir regardé la jeune personne.*

Ce régime vous profite à merveille ; mademoiselle votre fille est une très belle personne, armée de toutes pièces.

L'OBÈSE.

Eh bien ! croiriez-vous que ses compagnes lui disent quelquefois qu'elle est trop grasse ?

MOI.

C'est peut-être par envie...

L'OBÈSE.

Cela pourrait bien être ; au surplus, je la marie, et le premier enfant arrangera tout cela.

C'est par des discours semblables que j'éclaircissais une théorie dont j'avais pris les éléments hors de l'espèce humaine, savoir que la corpulence graisseuse a toujours pour principale cause une diète trop chargée d'élémens féculens et farineux, et

II   6

que je m'assurais que le même régime est toujours suivi du même effet.

Effectivement, les animaux carnivores ne s'engraissent jamais. (Voyez les loups, les jaguars, les oiseaux de proie, les corbeaux, etc.)

Les herbivores s'engraissent peu, du moins tant que l'âge ne les a pas réduits au repos ; et, au contraire, ils s'engraissent vite et en tout temps aussitôt qu'on leur a fait manger des pommes de terre, des grains et des farines de toute espèce.

L'obésité ne se trouve jamais ni chez les sauvages ni dans les classes de la société où l'on travaille pour manger et où l'on ne mange que pour vivre.

Causes de l'obésité.

99. — D'après les observations qui précèdent, et dont chacun peut vérifier l'exactitude, il est facile d'assigner les principales causes de l'obésité.

La première est la disposition naturelle de l'individu. Presque tous les hommes naissent avec certaines prédispositions, dont leur physionomie porte l'empreinte. Sur cent personnes qui meurent de la poitrine, quatre-vingt-dix ont les cheveux bruns, le visage long et le nez pointu. Sur cent obèses, quatre-vingt-dix ont le visage court, les yeux ronds et le nez obtus.

Il est donc vrai qu'il existe des personnes prédestinées en quelque sorte pour l'obésité, et dont, toutes choses égales, les puissances digestives élaborent une plus grande quantité de graisse.

Cette vérité physique, dont je suis profondément convaincu, influe d'une manière fâcheuse sur ma manière de voir en certaines occasions.

Quand on rencontre dans la société une petite demoiselle bien vive, bien rosée, au nez fripon, aux formes arrondies, aux mains rondelettes, aux pieds courts et grassouillets, tout le monde est ravi et la trouve charmante ; tandis que, instruit par l'expérience, je jette sur elle des regards postérieurs de dix ans, je vois les ravages que l'obésité aura faits sur ces charmes si frais, et je gémis sur des maux qui n'existent pas encore.

Cette compassion anticipée est un sentiment pénible, et fournit une preuve, entre mille autres, que l'homme serait plus malheureux s'il pouvait prévoir l'avenir.

La seconde et principale cause de l'obésité est dans les farines et fécules dont l'homme fait la base de sa nourriture journalière. Nous l'avons déjà dit : tous les animaux qui vivent de farineux s'engraissent de gré ou de force ; l'homme suit la loi commune.

La fécule produit plus vite et plus sûrement son effet quand elle est unie au sucre : le sucre et la graisse contiennent l'hydrogène, principe qui leur est commun; l'un et l'autre sont inflammables. Avec cet amalgame, elle est d'autant plus active qu'elle flatte plus le goût, et qu'on ne mange guère les entremets sucrés que quand l'appétit naturel est déjà satisfait, et qu'il ne reste plus alors que cet autre appétit de luxe qu'on est obligé de solliciter par tout ce que l'art a de plus raffiné et le changement de plus tentant.

La fécule n'est pas moins incrassante quand elle est charroyée par les boissons, comme dans la bière et autres de la même espèce. Les peuples qui en boivent habituellement sont aussi ceux où l'on trouve les ventres les plus merveilleux ; et quelques familles parisiennes, qui, en 1817, burent de la bière par économie, parce que le vin était fort cher, en ont été récompensées par un embonpoint dont elles ne savent plus que faire.

Suite.

100. — Une double cause d'obésité résulte de la prolongation du sommeil et du défaut d'exercice.

Le corps humain répare beaucoup pendant le sommeil, et dans le même temps il perd peu, puisque l'action musculeuse est suspendue. Il faudrait donc que le surperflu acquis fût évaporé par l'exercice; mais, par cela même qu'on dort beaucoup, on limite d'autant le temps où l'on pourrait agir.

Par une autre conséquence, les grands dormeurs se refusent à tout ce qui leur présente jusqu'à l'ombre d'une fatigue; l'excédent de l'assimilation est donc emporté par le torrent de la circulation; il s'y charge, par une opération dont la nature s'est réservé le secret, de quelques centièmes additionnels d'hydrogène, et la graisse se trouve formée, pour être déposée par le même mouvement dans les capsules du tissu cellulaire.

Suite.

101. — Une dernière cause d'obésité consiste dans l'excès du manger et du boire.

On a eu raison de dire qu'un des privilèges de l'espèce humaine est de manger sans avoir faim et de boire sans avoir soif; et, en effet, il ne peut appartenir aux bêtes, car il naît de la réflexion sur le plaisir de la table et du désir d'en prolonger la durée.

On a trouvé ce double penchant partout où l'on a trouvé des hommes; et on sait que les sauvages mangent avec excès et s'enivrent jusqu'à l'abrutissement toutes les fois qu'ils en trouvent l'occasion.

Quant à nous, citoyens des deux mondes, qui croyons être à l'apogée de la civilisation, il est certain que nous mangeons trop.

Je ne dis pas cela pour le petit nombre de ceux qui, serrés par l'avarice ou l'impuissance, vivent seuls et à l'écart : les premiers, réjouis de sentir qu'ils amassent; les autres, gémissant de ne pouvoir mieux faire.

Mais je le dis avec affirmation pour tous ceux qui, circulant autour de nous, sont tour à tour amphitryons ou convives, offrent avec politesse ou acceptent avec complaisance; qui, n'ayant déjà plus de besoins, mangent d'un mets parce qu'il est attrayant, et boivent d'un vin parce qu'il est étranger; je le dis, soit qu'ils siègent chaque jour dans un salon, soit qu'ils fêtent seulement le dimanche et quelquefois le lundi; dans cette majorité immense, tous mangent et boivent trop, et des poids énormes en comestibles sont chaque jour absorbés sans besoin.

Cette cause, presque toujours présente, agit différemment, suivant la constitution des individus; et, pour ceux qui ont l'estomac mauvais, elle a pour effet, non l'obésité, mais l'indigestion.

Anecdote.

102. — Nous en avons eu sous les yeux un

exemple, que la moitié de Paris a pu connaître.

M. Lang avait une des maisons les plus brillantes de cette ville ; sa table surtout était excellente, mais son estomac était aussi mauvais que sa gourmandise était grande. Il faisait parfaitement ses honneurs, et mangeait surtout avec un courage digne d'un meilleur sort.

Tout se passait bien jusqu'au café inclusivement ; mais bientôt l'estomac se refusait au travail qu'on lui avait imposé, les douleurs commençaient, et le malheureux gastronome était obligé de se jeter sur un canapé, où il restait jusqu'au lendemain à expier dans de longues angoisses le court plaisir qu'il avait goûté.

Ce qu'il y a de très remarquable, c'est qu'il ne s'est jamais corrigé : tant qu'il a vécu, il s'est soumis à cette étrange alternative, et les souffrances de la veille n'ont jamais influé sur le repas du lendemain.

Chez les individus qui ont l'estomac actif, l'excès de nutrition agit comme dans l'article précédent. Tout est digéré, et ce qui n'est pas nécessaire pour la réparation du corps se fixe et se tourne en graisse.

Chez les autres, il y a indigestion perpétuelle : les alimens défilent sans faire profit, et ceux qui n'en connaissent pas la cause s'étonnent que tant de bonnes choses ne produisent pas un meilleur résultat.

On doit bien s'apercevoir que je n'épuise point minutieusement la matière : car il est une foule de causes secondaires qui naissent de nos habitudes, de l'état embrassé, de nos manies, de nos plaisirs, qui secondent et activent celles que je viens d'indiquer.

Je lègue tout cela au successeur que j'ai planté en commençant ce chapitre, et me contente de préliber, ce qui est le droit du premier venu en toute matière.

Il y a longtemps que l'intempérance a fixé les regards des observateurs. Les philosophes ont vanté la tempérance, les princes ont fait des lois somptuaires, la religion a moralisé la gourmandise : hélas ! on n'en a pas mangé une bouchée de moins, et l'art de trop manger devient chaque jour plus florissant.

Je serai peut-être plus heureux en prenant une route nouvelle. J'exposerai les *inconvéniens physiques de l'obésité* : le soin de soi-même (*self preservation*) sera peut-être plus influent que la morale, plus persuasif que les sermons, plus puissant que les lois, et je crois le beau sexe tout disposé à ouvrir les yeux à la lumière.

Inconvéniens de l'obésité.

103. — L'obésité a une influence fâcheuse sur les deux sexes, en ce qu'elle nuit à la force et à la beauté.

Elle nuit à la force parce qu'en augmentant le poids de la masse à mouvoir, elle n'augmente pas la puissance motrice; elle y nuit encore en gênant la respiration, ce qui rend impossible tout travail qui exige un emploi prolongé de la force musculaire.

L'obésité nuit à la beauté en détruisant l'harmonie de proportion primitivement établie, parce que toutes les parties ne grossissent pas d'une manière égale.

Elle y nuit encore en remplissant des cavités que la nature avait destinées à faire ombre : aussi rien n'est si commun que de rencontrer des physionomies jadis très piquantes et que l'obésité a rendues à peu près insignifiantes.

Le chef du dernier gouvernement n'avait pas échappé à cette loi. Il avait fort engraissé dans ses dernières campagnes; de pâle il était devenu blafard, et ses yeux avaient perdu une partie de leur fierté.

L'obésité entraîne avec elle le dégoût pour la danse, la promenade, l'équitation, et l'inaptitude

pour toutes les occupations ou amusemens qui exi-
gent un peu d'agilité ou d'adresse.

Elle prédispose aussi à diverses maladies, telles
que l'apoplexie, l'hydropisie, les ulcères aux jam-
'bes, et rend toutes les autres affections plus difficiles
à guérir.

Exemple d'obésité.

104. — Parmi les héros corpulens, je n'ai
gardé le souvenir que de Marius et de Jean So-
bieski.

Marius, qui était de petite taille, était devenu
aussi large que long, et c'est peut-être cette énor-
mité qui effraya le Cimbre chargé de le tuer.

Quant au roi de Pologne, son obésité pensa lui
être funeste, car, étant tombé dans un gros de
cavalerie turque devant lequel il fut obligé de fuir,
la respiration lui manqua bientôt, et il aurait été
infailliblement massacré si quelques-uns de ses
aides de camp ne l'avaient soutenu presque éva-
noui sur son cheval, tandis que d'autres se sacri-
fiaient généreusement pour arrêter l'ennemi.

Si je ne me trompe, le duc de Vendôme, ce
digne fils du grand Henri, était aussi d'une corpulence remarquable. Il mourut dans une auberge,
abandonné de tout le monde, et conserva assez
de connaissance pour voir le dernier de ses gens

arracher le coussin sur lequel il reposait au moment de rendre le dernier soupir.

Les recueils sont pleins d'exemples d'obésité monstrueuse ; je les y laisse pour parler en peu de mots de ceux que j'ai moi-même recueillis.

M. Rameau, mon condisciple, maire de La Chaleur, en Bourgogne, n'avait que cinq pieds deux pouces, et pesait cinq cents, ce qui fait que chaque tranche d'un pied d'épaisseur pesait à peu près un quintal.

M. le duc de Luynes, à côté duquel j'ai souvent siégé, était devenu énorme ; la graisse avait désorganisé sa belle figure, et il passa les dernières années de sa vie dans une somnolence presque habituelle.

Mais ce que j'ai vu de plus extraordinaire en ce genre était un habitant de New-York, que bien des Français encore existans à Paris peuvent avoir vu dans la rue de Broadway, assis sur un énorme fauteuil, dont les jambes auraient pu porter une église.

Edward avait au moins cinq pieds dix pouces, mesure de France, et, comme la graisse l'avait gonflé en tous sens, il avait au moins huit pieds de circonférence.

Ses doigts étaient comme ceux de cet empereur romain à qui les colliers de sa femme servaient d'anneaux ; ses bras et ses cuisses étaient tubulés de

la grosseur d'un homme de moyenne stature, et il
avait les pieds comme un éléphant, couverts par
l'augmentation de ses jambes; le poids de la
graisse avait entraîné et fait bâiller la paupière
inférieure; mais ce qui le rendait hideux à voir,
c'était trois mentons en sphéroïdes qui lui pen-
daient sur la poitrine dans la longueur de plus d'un
pied, de sorte que sa figure paraissait être le cha-
piteau d'une colonne torse.

Dans cet état, Édouard passait sa vie assis près
de la fenêtre d'une salle basse qui donnait sur la
rue, et buvant de temps en temps un verre d'ale,
dont un pitcher de grande capacité était toujours
auprès de lui.

Une figure aussi extraordinaire ne pouvait pas
manquer d'arrêter les passans; mais il ne fallait
pas qu'ils y missent trop de temps : Édouard ne
tardait pas à les mettre en fuite en leur disant
d'une voix sépulcrale : « What have you to stare
like wild cats?.... Go your way you, lazi body...
Be gone you, good for nothing dogs... » (Qu'avez-
vous à regarder d'un air effaré, comme des chats
sauvages?... Passez votre chemin, paresseux!...
Allez-vous-en, chiens de vauriens!) et autres douceurs pareilles.

L'ayant souvent salué par son nom, j'ai quelquefois causé avec lui; il assurait qu'il ne s'ennuyait
point, qu'il n'était point malheureux, et que, si la

mort ne venait point le déranger, il attendrait volontiers ainsi la fin du monde.

De ce qui précède il résulte que si l'obésité
n'est pas une maladie, c'est au moins une disposition fâcheuse, dans laquelle nous tombons presque
toujours par notre faute.

Il en résulte encore que tous doivent désirer de
s'en préserver quand ils n'y sont pas parvenus, ou
d'en sortir quand ils y sont arrivés ; et c'est en
leur faveur que nous allons examiner quelles sont
les ressources que nous présente la science, aidée
de l'observation.

Méditation XXII.

MEDITATION XXII

TRAITEMENT

PRÉSERVATIF OU CURATIF DE L'OBÉSITÉ [1]

---

105. — Je commence par un fait qui prouve qu'il faut du courage soit pour se préserver, soit pour se guérir de l'obésité.

M. Louis Greffulhe, que Sa Majesté honora plus tard du titre de comte, vint me voir un matin, et

---

1. Il y a environ vingt ans que j'avais entrepris un Traité *ex professo* sur l'obésité. Mes lecteurs doivent surtout en regretter la préface : elle avait la forme dramatique, et j'y

me dit qu'il avait appris que je m'étais occupé d'obésité, qu'il en était fortement menacé, et qu'il venait me demander des conseils.

« Monsieur, lui dis-je, n'étant pas docteur à diplôme, je suis maître de vous refuser ; cependant je suis à vos ordres, mais à une condition, c'est que vous donnerez votre parole d'honneur de suivre pendant un mois, avec une exactitude rigoureuse, la règle de conduite que je vous donnerai. »

M. Greffulhe fit la promesse exigée, en me prenant la main, et dès le lendemain je lui délivrai mon fetfa, dont le premier article était de se peser au commencement et à la fin du traitement, à l'effet d'avoir une base mathématique pour en vérifier le résultat.

A un mois de là, M. Greffulhe revint me voir, et me parla à peu près en ces termes :

« Monsieur, dit-il, j'ai suivi votre prescription comme si ma vie en avait dépendu, et j'ai vérifié que, dans le mois, le poids de mon corps a diminué de trois livres, même un peu plus. Mais, pour

---

prouvais à un médecin que la fièvre est bien moins dange- reuse qu'un procès : car ce dernier, après avoir fait courir, attendre, mentir, pester le plaideur, après l'avoir indéfini- ment privé de repos, de joie et d'argent, finissait encore par le rendre malade et le faire mourir de male mort : vérité tout aussi bonne à propager qu'aucune autre.

parvenir à ce résultat, j'ai été obligé de faire à tous mes goûts, à toutes mes habitudes, une telle violence, en un mot, j'ai tant souffert, qu'en vous faisant tous mes remerciemens de vos bons conseils, je renonce au bien qui peut m'en provenir, et m'abandonne pour l'avenir à ce que la Providence en ordonnera. »

Après cette résolution, que je n'entendis pas sans peine, l'événement fut ce qu'il devait être : M. Greffulhe devint de plus en plus corpulent, fut sujet aux inconvéniens de l'extrême obésité, et, à peine âgé de quarante ans, mourut des suites d'une maladie suffocatoire, à laquelle il était devenu sujet.

Généralités.

106. — Toute cure de l'obésité doit commencer par ces trois préceptes de théorie absolue : discrétion dans le manger, modération dans le sommeil, exercice à pied ou à cheval.

Ce sont les premières ressources que nous présente la science ; cependant j'y compte peu, parce que je connais les hommes et les choses, et que toute prescription qui n'est pas exécutée à la lettre ne peut pas produire d'effet.

Or, 1° il faut beaucoup de caractère pour sortir de table avec appétit : tant que ce besoin dure, un morceau appelle l'autre avec un attrait irrésistible ;

et, en général, on mange tant qu'on a faim, en dépit des docteurs, et même à l'exemple des docteurs.

2º Proposer à des obèses de se lever matin, c'est leur percer le cœur : ils vous diront que leur santé s'y oppose; que, quand ils se sont levés matin, ils ne sont bons à rien toute la journée; les femmes se plaindront d'avoir les yeux battus; tous consentiront à veiller tard, mais ils se réserveront de dormir la grasse matinée; et voilà une ressource qui échappe.

3º Monter à cheval est un remède cher, qui ne convient ni à toutes les fortunes ni à toutes les positions.

Proposez à une jolie obèse de monter à cheval, elle y consentira avec joie, mais à trois conditions : la première, qu'elle aura à la fois un cheval beau, vif et doux; la seconde, qu'elle aura un habit d'amazone frais et coupé dans le dernier goût; la troisième, qu'elle aura un écuyer d'accompagnement, complaisant et beau garçon. Il est assez rare que tout cela se trouve, et on n'équite pas.

L'exercice à pied donne lieu à bien d'autres objections : il est fatigant à en mourir; on transpire, et on s'expose à une fausse pleurésie; la poussière abîme les bras, les pierres percent les petits souliers; il n'y a pas moyen de persister.

Enfin, si, pendant ces diverses tentatives, il survient le plus léger accès de migraine, si un bouton gros comme la tête d'une épingle perce la peau, on le met sur le compte du régime, on l'abandonne, et le docteur enrage.

Ainsi, restant convenu que toute personne qui désire voir diminuer son embonpoint doit manger modérément, peu dormir, et faire autant d'exercice qu'il lui est possible, il faut cependant chercher une autre voie pour arriver au but.

Or il est une méthode infaillible pour empêcher la corpulence de devenir excessive, ou pour la diminuer quand elle en est venue à ce point.

Cette méthode, qui est fondée sur tout ce que la physique et la chimie ont de plus certain, consiste dans un régime diététique approprié à l'effet qu'on veut obtenir.

De toutes les puissances médicales, le régime est la première, parce qu'il agit sans cesse, le jour, la nuit, pendant la veille, pendant le sommeil; que l'effet s'en rafraîchit à chaque repas, et qu'il finit par subjuguer toutes les parties de l'individu.

Or le régime antiobésique est indiqué par la cause la plus commune et la plus active de l'obésité; et, puisqu'il est démontré que ce n'est qu'à force de farines et de fécules que les congestions graisseuses se forment, tant chez l'homme que chez les animaux; puisqu'à l'égard de ces derniers cet effet se produit chaque jour sous nos yeux, et donne lieu au commerce des animaux engraissés, on peut en déduire, comme conséquence exacte, qu'une abstinence plus ou moins rigide de tout ce qui est féculent conduit à la diminution de l'embonpoint.

« O mon Dieu! allez-vous tous vous écrier, lecteurs et lectrices, ô mon Dieu! mais voyez donc comme le professeur est barbare! voilà que, d'un seul mot, il proscrit tout ce que nous aimons, ces pains si blancs de Limet, ces biscuits d'Achard, ces galettes de... et tant de bonnes choses qui se font avec des farines et du beurre, avec des farines et du sucre, avec des farines, du sucre et des œufs! Il ne fait grâce ni aux pommes de terre ni aux macaronis! Aurait-on dû s'attendre à cela d'un amateur qui paraissait si bon?

— Qu'est-ce que j'entends là? ai-je répondu en prenant ma physionomie sévère que je ne mets qu'une fois l'an; eh bien! mangez, engraissez; devenez laids, pesans, asthmatiques, et mourez de gras-fondu; je suis là pour en prendre note, et vous figurerez dans ma seconde édition... Mais que vois-je? une seule phrase vous a vaincus, vous avez peur, et vous priez pour suspendre la foudre... Rassurez-vous : je vais tracer votre régime, et vous prouver que quelques délices vous attendent encore sur cette terre où l'on vit pour manger.

« Vous aimez le pain : eh bien! vous mangerez
du pain de seigle ; l'estimable Cadet de Vaux en a
depuis longtemps préconisé les vertus ; il est moins
nourrissant, et surtout il est moins agréable : ce
qui rend le précepte plus facile à remplir. Car,
pour être sûr de soi, il faut surtout fuir la tenta-
tion. Retenez bien ceci, c'est de la morale.

« Vous aimez le potage : ayez-le à la julienne,
aux légumes verts, aux choux, aux racines : je
vous interdis pain, pâtes et purées.

« Au premier service, tout est à votre usage, à
peu d'exceptions près : comme le riz aux volailles,
et la croûte des pâtés chauds. Travaillez, mais
soyez circonspects, pour ne pas satisfaire plus tard
un besoin qui n'existera plus.

« Le second service va paraître, et vous aurez
besoin de philosophie. Fuyez les farineux, sous
quelque forme qu'ils se présentent ; ne vous reste-
t-il pas le rôti, la salade, les légumes herbacés? Et,
puisqu'il faut vous passer quelques sucreries, préférez la crème au chocolat et les gelées au punch,
à l'orange, et autres pareilles.

« Voilà le dessert. Nouveau danger ; mais, si
jusque-là vous vous êtes bien conduits, votre sagesse ira toujours croissant. Défiez-vous des bouts
de table (ce sont toujours des brioches plus ou
moins parées) ; ne regardez ni aux biscuits, ni aux
macarons ; il vous reste des fruits de toute espèce,

des confitures, et bien des choses que vous saurez choisir, si vous adoptez mes principes.

« Après dîner, je vous ordonne le café, vous permets la liqueur, et vous conseille le thé, et le punch dans l'occasion.

« Au déjeuner, le pain de seigle de rigueur, le chocolat plutôt que le café. Cependant je permets le café au lait un peu fort ; point d'œufs, tout le reste à volonté. Mais on ne saurait déjeuner de trop bonne heure. Quand on déjeune tard, le dîner vient avant que la digestion soit faite ; on n'en mange pas moins, et cette mangerie sans appétit est une cause d'obésité très active, parce qu'elle a lieu souvent. »

Suite du régime.

107. — Jusqu'ici je vous ai tracé, en père tendre et un peu complaisant, les limites d'un régime qui repoussera l'obésité qui vous menace ; ajoutons-y encore quelques préceptes contre celle qui vous a atteint.

Buvez, chaque été, trente bouteilles d'eau de Seltz, un très grand verre le matin, deux heures avant le déjeuner, et autant en vous couchant. Ayez, à l'ordinaire, des vins blancs légers et acidules, comme ceux d'Anjou. Fuyez la bière comme la peste ; demandez souvent des radis, des artichauts à la poivrade, des asperges, du céleri, des cardons. Parmi les viandes, préférez le veau et la volaille ; du pain, ne mangez que la croûte ; dans les cas douteux, laissez-vous guider par un docteur qui adopte mes principes ; et, quel que soit le moment où vous aurez commencé à les suivre, vous serez avant peu frais, jolis, lestes, bien portans et propres à tout.

Après vous avoir ainsi placés sur votre terrain, je dois aussi vous en montrer les écueils, de peur que, emportés par un zèle obésifuge, vous n'outrepassiez le but.

L'écueil que je veux signaler est l'usage habituel des acides, que des ignorans conseillent quelquefois, et dont l'expérience a toujours démontré les mauvais effets.

Danger des acides.

108. — Il circule parmi les femmes une doctrine funeste, et qui fait périr chaque année bien des jeunes personnes, savoir que les acides et surtout le vinaigre sont des préservatifs contre l'obésité.

Sans doute, l'usage continu des acides fait maigrir, mais c'est en détruisant la fraîcheur, la santé et la vie ; et quoique la limonade soit le plus doux d'entre eux, il est peu d'estomacs qui y résistent longtemps.

La vérité que je viens d'énoncer ne saurait être rendue trop publique ; il est peu de mes lecteurs qui ne pussent me fournir quelque observation pour l'appuyer ; et, dans le nombre, je préfère la suivante, qui m'est en quelque sorte personnelle.

En 1776, j'habitais Dijon ; j'y faisais un cours de droit en la faculté ; un cours de chimie, sous M. Guiton de Morveaux, pour lors avocat général ; et un cours de médecine domestique sous M. Maret, secrétaire perpétuel de l'Académie, et père de M. le duc de Bassano.

J'avais une sympathie d'amitié pour une des plus jolies personnes dont ma mémoire ait conservé le souvenir.

Je dis *sympathie d'amitié*, ce qui est rigoureusement vrai, et en même temps bien surprenant, car j'étais alors grandement en fonds pour des affinités bien autrement exigeantes.

Cette amitié, qu'il faut prendre pour ce qu'elle a été, et non pour ce qu'elle aurait pu devenir, avait pour caractère une familiarité qui était devenue, dès le premier jour, une confiance qui nous paraissait toute naturelle, et des chuchotemens à ne plus finir, dont la maman ne s'alarmait point, parce qu'ils avaient un caractère d'innocence digne des premiers âges.

Louise était donc très jolie, et avait surtout, dans une juste proportion, cet embonpoint classique qui fait le charme des yeux et la gloire des arts d'imitation.

Quoique je ne fusse que son ami, j'étais bien loin d'être aveugle sur les attraits qu'elle laissait voir ou soupçonner ; et peut-être ajoutaient-ils, sans que je pusse m'en douter, au chaste sentiment qui m'attachait à elle.

Quoi qu'il en soit, un soir que j'avais considéré Louise avec plus d'attention qu'à l'ordinaire : « Chère amie, lui dis-je, vous êtes malade ; il me semble que vous avez maigri. — Oh ! non, me répondit-elle avec un sourire qui avait quelque chose de mélancolique, je me porte bien ; et, si j'ai un peu maigri, je puis, sous ce rapport, perdre un peu sans m'appauvrir. — Perdre ! lui répliquai-je avec feu ; vous n'avez besoin ni de perdre ni d'acquérir : restez comme vous êtes, charmante à croquer », et autres phrases pareilles, qu'un ami de vingt ans a toujours à commandement.

Depuis cette conversation, j'observai cette jeune fille avec un intérêt mêlé d'inquiétude ; et bientôt je vis son teint pâlir, ses joues se creuser, ses appas se flétrir..... Oh ! comme la beauté est une chose fragile et fugitive !

Enfin, je la joignis au bal, où elle allait encore comme à l'ordinaire ; j'obtins d'elle qu'elle se reposerait pendant deux contredanses, et, mettant ce temps à profit, j'en reçus l'aveu que, fatiguée des plaisanteries de quelques-unes de ses amies, qui lui annonçaient qu'avant deux ans elle serait aussi grosse que saint Christophe, et aidée par les conseils de quelques autres, elle avait cherché à maigrir, et, dans cette vue, avait bu pendant un mois un verre de vinaigre chaque matin; elle ajouta que jusqu'alors elle n'avait fait à personne confidence de cet essai.

Je frémis à cette confession; je sentis toute l'étendue du danger, et j'en fis part, dès le lendemain, à la mère de Louise, qui ne fut pas moins alarmée que moi, car elle adorait sa fille.

On ne perdit pas de temps; on s'assembla, on consulta, on médicamenta. Peines inutiles! les sources de la vie étaient irrémédiablement attaquées; et, au moment où l'on commençait à soupçonner le danger, il ne restait déjà plus d'espérance.

Ainsi, pour avoir suivi d'imprudens conseils, l'aimable Louise, réduite à l'état affreux qui accompagne le marasme, s'endormit pour toujours qu'elle avait à peine dix-huit ans.

Elle s'éteignit en jetant des regards douloureux vers un avenir qui ne devait pas exister pour elle; et l'idée d'avoir, quoique involontairement, attenté à sa vie, rendit sa fin plus douloureuse et plus prompte.

C'est la première personne que j'aie vu mourir,

II   9 car elle rendit le dernier soupir dans mes bras, au moment où, suivant son désir, je la soulevais pour lui faire voir le jour. Huit heures environ après sa mort, sa mère, désolée, me pria de l'accompagner dans une dernière visite qu'elle voulait faire à ce qui restait de sa fille, et nous observâmes avec surprise que l'ensemble de la physionomie avait pris quelque chose de radieux et d'extatique qui n'y paraissait point auparavant. Je m'en étonnai ; la maman en tira un augure consolateur. Mais ce cas n'est pas rare ; Lavater en fait mention dans son *Traité de la physionomie.*

Ceinture antiobésique.

109. — Tout régime antiobésique doit être accompagné d'une précaution que j'avais oubliée, et par laquelle j'aurais dû commencer : elle consiste à porter jour et nuit une ceinture qui contienne le ventre en le serrant modérément.

Pour en bien sentir la nécessité, il faut considérer que la colonne vertébrale, qui forme une des parois de la caisse intestinale, est ferme et inflexible : d'où il suit que tout l'excédent de poids que les intestins acquièrent au moment où l'obésité les fait dévier de la ligne verticale s'appuie sur les diverses enveloppes qui composent la peau du ventre ; et celles-ci, pouvant se distendre presque indéfiniment [1], pourraient bien n'avoir pas assez de ressort pour se retraire, quand cet effort diminue, si on ne leur donnait pas un aide mécanique qui, ayant son point d'appui sur la colonne dorsale elle-même, devînt son antagoniste et rétablît l'équilibre.

Ainsi, cette ceinture produit le double effet d'empêcher le ventre de céder ultérieurement au poids actuel des intestins, et de lui donner la force nécessaire pour se rétrécir insensiblement, quand ce poids diminue.

On ne doit jamais quitter cette ceinture ; autrement le bien produit pendant le jour serait détruit par l'abandon de la nuit ; mais elle est peu gênante, et on s'y accoutume bien vite.

La ceinture, qui sert aussi de moniteur pour indiquer qu'on est suffisamment repu, doit être faite avec quelque soin ; sa pression doit être à la fois modérée et toujours la même, c'est-à-dire qu'elle doit être faite de manière à se resserrer à mesure que l'embonpoint diminue.

On n'est point condamné à la porter toute la vie ; on peut la quitter sans inconvénient quand on est revenu au point désiré, et qu'on y a demeuré

---

1. Mirabeau disait d'un homme excessivement gros que Dieu ne l'avait créé que pour montrer jusqu'à quel point la peau humaine pouvait s'étendre sans rompre.

stationnaire pendant quelques semaines. Bien entendu qu'on observera une diète convenable. Il y a au moins six ans que je n'en porte plus.

Du Quinquina.

110. — Il existe une substance que je crois activement antiobésique ; plusieurs observations m'ont conduit à le croire ; cependant je permets encore de douter, et j'appelle les docteurs à expérimenter.

Cette substance doit être le quinquina.

Dix ou douze personnes de ma connaissance ont eu de longues fièvres intermittentes ; quelques-unes se sont guéries par des remèdes de bonne femme, des poudres, etc., etc.; d'autres par l'usage continu du quinquina, qui ne manque jamais son effet.

Tous les individus de la première catégorie qui étaient obèses ont repris leur ancienne corpulence ; tous ceux de la seconde sont restés dégagés du superflu de leur embonpoint : ce qui me donne le droit de penser que c'est le quinquina qui a produit ce dernier effet, car il n'y a eu de différence entre eux que le mode de guérison.

La théorie rationnelle ne s'oppose point à cette conséquence.

Car, d'une part, le quinquina, élevant toutes

les puissances vitales, peut bien donner à la circulation une activité qui trouble et dissipe les gaz
destinés à devenir de la graisse ; et, d'autre part,
il est prouvé qu'il y a dans le quinquina une
partie de tanin' qui peut fermer les capsules destinées, dans les cas ordinaires, à recevoir les congestions graisseuses.

Il est même probable que ces deux effets con-
courent et se renforcent l'un l'autre.

C'est d'après ces données, dont chacun peut
apprécier la justesse, que je crois pouvoir conseiller l'usage du quinquina à tous ceux qui désirent
se débarrasser d'un embonpoint devenu incommode.
Ainsi, *dummodo annuerint in omni medicationis
genere doctissimi facultatis professores,* je pense
qu'après le premier mois d'un régime approprié,
celui ou celle qui désire se dégraisser fera bien de
prendre, pendant un mois, de deux jours l'un, à
sept heures du matin, deux heures avant de déjeuner, un verre de vin blanc sec, dans lequel on aura
délayé environ une cuillerée à café de bon quinquina rouge, et qu'on en éprouvera de bons effets.

Tels sont les moyens que je propose pour combattre une incommodité aussi fâcheuse que commune. Je les ai accommodés à la faiblesse humaine,
modifiée par l'état de société dans lequel nous
vivons.

Je me suis, pour cela, appuyé sur cette vérité

expérimentale que, plus un régime est rigoureux, moins il produit d'effet, parce qu'on le suit mal, ou qu'on ne le suit pas du tout.

Les grands efforts sont rares; et, si on veut être suivi, il ne faut proposer aux hommes que ce qui leur est facile, et même, quand on le peut, ce qui leur est agréable.

MÉDITATION XXIII

DE LA MAIGREUR

Définition.

111. — La maigreur est l'état d'un individu
dont la chair musculaire, n'étant pas renflée par la
graisse, laisse apercevoir les formes et les angles de
la charpente osseuse.

Espèces.

Il y a deux sortes de maigreur: la première est
celle qui, étant le résultat de la disposition primi-

tive du corps, est accompagnée de la santé et de
l'exercice complet de toutes les fonctions orga-
niques; la seconde est celle qui, ayant pour cause
la faiblesse de certains organes ou l'action défec-
tueuse de quelques autres, donne à celui qui en est
atteint une apparence misérable et chétive. J'ai
connu une jeune femme de taille moyenne qui ne
pesait que soixante-cinq livres.

Effets de la maigreur.

112. — La maigreur n'est pas un grand désavantage pour les hommes; ils n'en ont pas moins
de vigueur, et sont beaucoup plus dispos. Le père
de la jeune dame dont je viens de faire mention,
quoique tout aussi maigre qu'elle, était assez fort
pour prendre avec les dents une chaise pesante,
et la jeter derrière lui en la faisant passer par-dessus sa tête.

Mais elle est un malheur effroyable pour les
femmes, car pour elles la beauté est plus que la
vie, et la beauté consiste surtout dans la rondeur
des formes et la courbure gracieuse des lignes. La
toilette la plus recherchée, la couturière la plus
sublime, ne peuvent masquer certaines absences, ni
dissimuler certains angles; et on dit assez com-
munément qu'à chaque épingle qu'elle ôte, une

femme maigre, quelque belle qu'elle paraisse, perd quelque chose de ses charmes.

Avec les chétives il n'y a point de remède, ou plutôt il faut que la faculté s'en mêle, et le régime peut être si long que la guérison arrivera bien tard.

Mais, pour les femmes qui sont nées maigres et qui ont l'estomac bon, nous ne voyons pas qu'elles puissent être plus difficiles à engraisser que des poulardes; et, s'il faut y mettre un peu plus de temps, c'est que les femmes ont l'estomac comparativement plus petit, et ne peuvent pas être soumises à un régime rigoureux et ponctuellement exécuté, comme ces animaux dévoués.

Cette comparaison est la plus douce que j'aie pu trouver; il m'en fallait une, et les dames la pardonneront, à cause des intentions louables dans lesquelles ce chapitre est médité.

Prédestination naturelle.

113. — La nature, variée dans ses œuvres, a des moules pour la maigreur comme pour l'obésité.

Les personnes destinées à être maigres sont construites dans un système allongé. Elles ont les mains et les pieds menus, les jambes grêles, la région du coccyx peu étoffée, les côtes apparentes, le nez aquilin, les yeux en amande, la bouche grande, le menton pointu et les cheveux bruns.

Tel est le type général : quelques parties du corps peuvent y échapper, mais cela arrive rarement.

On voit quelquefois des personnes maigres qui mangent beaucoup. Toutes celles que j'ai pu interroger m'ont avoué qu'elles digéraïent mal, qu'elles.........; et voilà pourquoi elles restent dans le même état.

Les chétifs sont de tous les poils et de toutes les formes. On les distingue en ce qu'ils n'ont rien de saillant, ni dans les traits, ni dans la tournure ; qu'ils ont les yeux morts, les lèvres pâles, et que la combinaison de leurs traits indique l'inénergie, la faiblesse, et quelque chose qui ressemble à la souffrance. On pourrait presque dire d'eux qu'ils ont l'air de n'être pas finis, et que chez eux le flambeau de la vie n'est pas encore tout à fait allumé.

Régime incrassant.

124. — Toute femme maigre désire engraisser : c'est un vœu que nous avons recueilli mille fois ; c'est donc pour rendre un dernier hommage à ce sexe tout-puissant que nous allons chercher à remplacer par des formes réelles ces appas de soie ou

de coton qu'on voit exposés avec profusion dans les magasins de nouveautés, au grand scandale des sévères, qui passent tout effarouchés, et se détournent de ces chimères avec autant et plus de soin que si la réalité se présentait à leurs yeux.

Tout le secret pour acquérir de l'embonpoint consiste dans un régime convenable : il ne faut que manger et choisir ses alimens.

Avec ce régime, les prescriptions positives relativement au repos ou au sommeil deviennent à peu près indifférentes, et on n'en arrive pas moins au but qu'on se propose.

Car, si vous ne faites pas d'exercice, cela vous disposera à engraisser; si vous en faites, vous engraisserez encore, car vous mangerez davantage; et, quand l'appétit est savamment satisfait, non seulement on répare, mais encore on acquiert, quand on a besoin d'acquérir.

Si vous dormez beaucoup, le sommeil est incrassant; si vous dormez peu, votre digestion ira plus vite et vous mangerez davantage.

Il ne s'agit donc que d'indiquer la manière dont doivent toujours se nourrir ceux qui désirent arrondir leurs formes; et cette tâche ne peut être difficile, après les divers principes que nous avons déjà établis.

Pour résoudre le problème, il faut présenter à l'estomac des alimens qui l'occupent sans le fatiguer, et aux puissances assimilatives des matériaux qu'elles puissent tourner en graisse.

Essayons de tracer la journée alimentaire d'un sylphe ou d'une sylphide à qui l'envie aura pris de se matérialiser.

Règle générale : On mangera beaucoup de pain frais, et fait dans la journée; on se gardera bien d'en écarter la mie.

On prendra, avant huit heures du matin, et au lit s'il le faut, un potage au pain ou aux pâtes, pas trop copieux, afin qu'il passe vite, ou, si l'on veut, une tasse de bon chocolat.

A onze heures, on déjeunera avec des œufs frais, brouillés ou sur le plat, des petits pâtés, des côtelettes, et ce qu'on voudra ; l'essentiel est qu'il y ait des œufs, la tasse de café ne nuira pas.

L'heure du dîner aura été réglée de manière à ce que le déjeuner ait passé avant qu'on se mette à table : car nous avons coutume de dire que, quand l'ingestion d'un repas empiète sur la digestion du précédent, il y a malversation.

Après le déjeuner, on fera un peu d'exercice : les hommes, si l'état qu'ils ont embrassé le permet, car le devoir avant tout; les dames iront au bois de Boulogne, aux Tuileries, chez leur couturière, chez leur marchande de modes, dans les magasins de nouveautés, et chez leurs amies, pour causer de ce qu'elles auront vu. Nous tenons pour certain

qu'une pareille causerie est éminemment médica-
menteuse, par le grand contentement qui l'accompagne.

A dîner, potage, viande et poisson à volonté ;
mais on y joindra les mets au riz, les macaronis,
les pâtisseries sucrées, les crèmes douces, les char-
lottes, etc., etc.

Au dessert, les biscuits de Savoie, babas et autres préparations qui réunissent les fécules, les
œufs et le sucre.

Ce régime, quoique circonscrit en apparence,
est cependant susceptible d'une grande variété ; il
admet tout le règne animal ; et on aura grand soin
de changer l'espèce, l'apprêt et l'assaisonnement
des divers mets farineux dont on fera usage, et
qu'on relèvera par tous les moyens connus, afin de
prévenir le dégoût, qui opposerait un obstacle in-
vincible à toute amélioration ultérieure.

On boira de la bière par préférence, sinon des
vins de Bordeaux ou du midi de la France.

On fuira les acides, excepté la salade, qui réjouit
le cœur. On sucrera les fruits qui en sont suscep-
tibles ; on ne prendra pas de bains trop froids ; on
tâchera de respirer, de temps en temps, l'air pur de
la campagne ; on mangera beaucoup de raisins
dans la saison ; on ne s'exténuera pas au bal à force
de danser.

On se couchera vers onze heures dans les jours

ordinaires, et pas plus tard qu'une heure du matin dans les *extra*.

En suivant ce régime avec exactitude et courage, on aura bientôt réparé les distractions de la nature ; la santé y gagnera autant que la beauté ; la volupté fera son profit de l'un et de l'autre ; et des accens de reconnaissance retentiront agréablement à l'oreille du professeur.

On engraisse les moutons, les veaux, les bœufs, la volaille, les carpes, les écrevisses, les huîtres ; d'où je déduis la maxime générale : *Tout ce qui mange peut s'engraisser, pourvu que les alimens soient bien et convenablement choisis.*

MÉDITATION XXIV

DU JEUNE

Définition.

115. — Le jeûne est une abstinence volontaire d'alimens, dans un but moral ou religieux.

Quoique le jeûne soit contraire à un de nos
penchans ou plutôt de nos besoins les plus habi-
tuels, il est cependant de la plus haute antiquité.

Origine du jeûne.

Voici comment les auteurs en expliquent l'établissement.

Dans les afflictions particulières, disent-ils, un père, une mère, un enfant chéri, venant à mourir dans une famille, toute la maison était en deuil : on le pleurait, on lavait son corps, on l'embaumait, on lui faisait des obsèques conformes à son rang. Dans ces occasions on ne songeait guère à manger ; on jeûnait sans s'en apercevoir.

De même, dans les désolations publiques, quand on était affligé d'une sécheresse extraordinaire, de pluies excessives, de guerres cruelles, de maladies contagieuses, en un mot, de ces fléaux où la force et l'industrie ne peuvent rien, on s'abandonnait aux larmes, on imputait toutes ces désolations à la colère des dieux, on s'humiliait devant eux, on leur offrait les mortifications de l'abstinence. Les malheurs cessaient : on se persuada qu'il fallait en attribuer la cause aux larmes et au jeûne, et on continua d'y avoir recours dans des conjonctures semblables.

Ainsi, les hommes affligés de calamités publiques ou particulières se sont livrés à la tristesse, et ont négligé de prendre de la nourriture ; ensuite ils ont regardé cette abstinence volontaire comme un acte de religion.

Ils ont cru qu'en macérant leur corps quand leur âme était désolée, ils pouvaient émouvoir la miséricorde des dieux ; et cette idée, saisissant tous les peuples, leur a inspiré le deuil, les vœux, les prières, les sacrifices, les mortifications et l'abstinence.

Enfin, Jésus-Christ, étant venu sur la terre, a sanctifié le jeûne, et toutes les sectes chrétiennes l'ont adopté, avec plus ou moins de modifications.

Comment on jeûnait.

116. — Cette pratique du jeûne, je suis forcé de le dire, est singulièrement tombée en désuétude, et, soit pour l'édification des mécréans, soit pour leur conversion, je me plais à raconter comme nous faisions vers le milieu du XVIIIe siècle.

En temps ordinaire, nous déjeunions, avant neuf heures, avec du pain, du fromage, des fruits, quelquefois du pâté et de la viande froide.

Entre midi et une heure, nous dînions avec le potage et le pot-au-feu officiels, plus ou moins bien accompagnés, suivant les fortunes et les occurrences.

Vers quatre heures, on goûtait. Ce repas était léger, et spécialement destiné aux enfans et à ceux qui se piquaient de suivre les usages des temps passés.

Mais il y avait des goûters] *soupatoires*, qui commençaient à cinq heures et duraient indéfini-

ment. Ces repas étaient ordinairement fort gais,
et les dames s'en accommodaient à merveille; elles
s'en donnaient même quelquefois entre elles, d'où
les hommes étaient exclus. Je trouve dans mes
Mémoires secrets qu'il y avait là force médisances
et cancans.

Vers huit heures, on soupait avec entrée, rôti,
entremets, salade et dessert; on causait, on faisait
une partie et on allait se coucher.

Il y a toujours eu, à Paris, des soupers d'un
ordre plus relevé et qui commençaient après le
spectacle. Ils se composaient, suivant les circonstances, de jolies femmes, d'actrices à la mode,
d'impures élégantes, de grands seigneurs, de financiers, de libertins et de beaux esprits.

Là, on contait l'aventure du jour; on chan-
tait la chanson nouvelle; on parlait politique,
littérature, spectacles, et surtout on faisait l'amour.

Voyons maintenant ce qu'on faisait les jours de
jeûne.

On faisait maigre; on ne déjeunait point, et
par cela même on avait plus d'appétit qu'à l'ordinaire.

L'heure venue, on dînait tant qu'on pouvait;
mais le poisson et les légumes passent vite : avant
cinq heures, on mourait de faim; on regardait sa
montre, on attendait et on enrageait, tout en faisant son salut.

Vers huit heures, on trouvait, non un bon souper, mais la collation, mot venu du cloître, parce que, vers la fin du jour, les moines s'assemblaient pour faire des conférences sur les pères de l'Église ; après quoi on leur permettait un verre de vin.

A la collation, on ne pouvait servir ni beurre, ni œufs, ni rien de ce qui avait eu vie. Il fallait donc se contenter de salade, de confitures, de fruits, mets, hélas ! bien peu consistans, si on les compare aux appétits qu'on avait en ce temps-là ; mais on prenait patience pour l'amour du Ciel, on allait se coucher, et tout le long du carême on recommençait.

Quant à ceux qui faisaient les petits soupers dont j'ai fait mention, on m'a assuré qu'ils ne jeûnaient pas et n'ont jamais jeûné.

Le chef-d'œuvre de la cuisine de ces temps anciens était une collation rigoureusement apostolique, et qui cependant eût l'air d'un bon souper.

La science était venue à bout de résoudre ce problème au moyen de la tolérance du poisson au bleu, des coulis de racines et de la pâtisserie à l'huile.

L'observance exacte du carême donnait lieu à un plaisir qui nous est inconnu : celui de se *décarêmer* en déjeunant le jour de Pâques.

En y regardant de près, les élémens de nos plai-

sirs sont la difficulté, la privation, le désir et la
jouissance. Tout cela se rencontrait dans l'acte
qui rompait l'abstinence, et j'ai vu deux de mes
grands-oncles, gens sages et graves, se pâmer
d'aise au moment où, le jour de Pâques, ils
voyaient entamer un jambon ou éventrer un pâté.
Maintenant, race dégénérée que nous sommes!
nous ne suffirions pas à de si puissantes sensations.

Origine du relâchement.

117. — J'ai vu naître le relâchement; il est
venu par nuances insensibles.

Les jeunes gens, jusques à un certain âge,
n'étaient pas astreints au jeûne, et les femmes
enceintes, ou qui croyaient l'être, en étaient exemp-
tées par leur position, et déjà on servait pour
eux du gras et un souper qui tentaient violemment
les jeûneurs.

Ensuite, les gens faits vinrent à s'apercevoir que
le jeûne les irritait, leur donnait mal à la tête, les
empêchait de dormir. On mit ensuite sur le
compte du jeûne tous les petits accidens qui
assiègent l'homme à l'époque du printemps, tels
que les éruptions vernales, les éblouissemens, les
saignemens de nez et autres symptômes d'effer-
vescence qui signalent le renouvellement de la
nature. De sorte que l'un ne jeûnait pas parce

qu'il se croyait malade, l'autre parce qu'il l'avait été, et un troisième parce qu'il craignait de le devenir : d'où il arrivait que le maigre et les collations devenaient tous les jours plus rares.

Ce n'est pas tout : quelques hivers furent assez rudes pour qu'on craignît de manquer de racines, et la puissance ecclésiastique elle-même se relâcha officiellement de sa rigueur, pendant que les maîtres se plaignaient du surcroît de dépenses que leur causait le régime du maigre, que quelques-uns disaient que Dieu ne voulait pas qu'on exposât sa santé, et que les gens de peu de foi ajoutaient qu'on ne prenait pas le paradis par la famine.

Cependant le devoir restait reconnu, et presque toujours on demandait aux pasteurs des permissions qu'ils refusaient rarement, en ajoutant toutefois la condition de faire quelques aumônes pour remplacer l'abstinence.

Enfin, la Révolution vint qui, remplissant tous les cœurs de soins, de craintes et d'intérêts d'une autre nature, fit qu'on n'eut ni le temps ni l'occasion de recourir à des prêtres, dont les uns étaient poursuivis comme ennemis de l'État, ce qui ne les empêchait pas de traiter les autres de schismatiques.

A cette cause, qui heureusement ne subsiste plus, il s'en est joint une autre non moins influente. L'heure de nos repas a totalement changé : nous ne mangeons plus ni aussi souvent ni aux mêmes heures que nos ancêtres, et le jeûne aurait besoin d'une organisation nouvelle.

Cela est si vrai que, quoique je ne fréquente que des gens réglés, sages et même assez croyans, je ne crois pas, en vingt-cinq ans, avoir trouvé *hors de chez moi* dix repas maigres et une seule collation.

Bien des gens pourraient se trouver fort embarrassés en pareil cas ; mais je sais que saint Paul l'a prévu, et je reste à l'abri sous sa protection.

Au reste, on se tromperait fort si on croyait que l'intempérance a gagné en ce nouvel ordre de choses.

Le nombre des repas a diminué de près de moitié ; l'ivrognerie a disparu pour se réfugier, en de certains jours, dans les dernières classes de la société ; on ne fait plus d'orgies : un homme crapuleux serait honni. Plus du tiers de Paris ne se permet, le matin, qu'une légère collation, et, si quelques-uns se livrent aux douceurs d'une gourmandise délicate et recherchée, je ne vois pas trop comment on pourrait leur en faire le reproche : car nous avons vu ailleurs que tout le monde y gagne et que personne n'y perd.

Ne finissons pas ce chapitre sans observer la nouvelle direction qu'ont prise les goûts des peuples.

Chaque jour des milliers d'hommes passent au spectacle ou au café la soirée que, quarante ans plus tôt, ils auraient passée au cabäret.

Sans doute, l'économie ne gagne rien à ce nouvel arrangement; mais il est très avantageux sous le rapport des mœurs. Les mœurs s'adoucissent au spectacle; on s'instruit au café par la lecture des journaux, et on échappe certainement aux querelles, aux maladies et à l'abrutissement, qui sont les suites infaillibles de la fréquentation des cabarets.

Méditation XXV.

MÉDITATION XXV

DE L'ÉPUISEMENT

---

118. — On entend par épuisement un état de faiblesse, de langueur et d'accablement causé par des circonstances antécédentes, et qui rend plus difficile l'exercice des fonctions vitales.

On peut, en n'y comprenant pas l'épuisement causé par la privation des alimens, en compter trois espèces :

L'épuisement causé par la fatigue musculaire, l'épuisement causé par les travaux de l'esprit et l'épuisement causé par les excès génésiques.

Un remède commun aux trois espèces d'épuisement est la cessation immédiate des actes qui ont amené cet état, sinon maladif, du moins très voisin de la maladie.

Traitement.

Après ce préliminaire indispensable, la gastronomie est là, toujours prête à présenter des ressources.

A l'homme excédé par l'exercice trop prolongé de ses forces musculaires, elle offre un bon potage, du vin généreux, de la viande faite et le sommeil;

Au savant qui s'est laissé entraîner par les charmes de son sujet, un exercice au grand air pour rafraîchir son cerveau, le bain pour détendre ses fibres irritées, la volaille, les légumes herbacés et le repos;

Enfin, nous apprendrons par l'observation suivante ce qu'elle peut faire pour celui qui oublie que la volupté a ses limites et le plaisir ses dangers.

Cure opérée par le professeur.

119. — J'allai un jour faire visite à un de mes meilleurs amis (M. Rubat). On me dit qu'il était malade, et, effectivement, je le trouvai en robe de chambre, auprès de son feu, et en attitude d'affaissement.

Sa physionomie m'effraya : il avait le visage pâle, les yeux brillans, et sa lèvre tombait de ma-

nière à laisser voir les dents de la mâchoire inférieure, ce qui avait quelque chose de hideux.

Je m'enquis avec intérêt de la cause de ce changement subit. Il hésita; je le pressai, et, après
quelque résistance : « Mon ami, dit-il en rougis-
sant, tu sais que ma femme est jalouse, et que cette
manie m'a fait passer bien des mauvais momens.
Depuis quelques jours, il lui en a pris une crise
effroyable, et c'est en voulant lui prouver qu'elle
n'a rien perdu de mon affection et qu'il ne se fait
à son préjudice aucune dérivation du tribut conjugal que je me suis mis en cet état.—Tu as donc
oublié, lui dis-je, et que tu as quarante-cinq ans,
et que la jalousie est un mal sans remède? Ne
sais-tu pas *furens quid fœmina possit*? » Je tins
encore quelques autres propos peu galans, car j'é-
tais en colère.

« Voyons, au surplus, continuai-je; ton pouls
est petit, dur, concentré : que vas-tu faire? — Le
docteur, me dit-il, sort d'ici; il a pensé que j'avais
une fièvre nerveuse, et a ordonné une saignée pour
laquelle il doit incessamment m'envoyer le chirurgien.—Le chirurgien! m'écriai-je; garde-t'en bien,
ou tu es mort! Chasse-le comme un meurtrier, et dis-
lui que je me suis emparé de toi corps et âme. Au
surplus, ton médecin connaît-il la cause occasionnelle de ton mal? — Hélas! non : une mauvaise
honte m'a empêché de lui faire une confession en-

tière.—Eh bien! il faut le prier de passer chez toi. Je vais te faire une potion appropriée à ton état; en attendant, prends ceci. » Je lui présentai un verre d'eau saturée de sucre, qu'il avala avec la confiance d'Alexandre et la foi du charbonnier.

Alors je le quittai, et courus chez moi pour y mixtionner, fonctionner et élaborer un magistère réparateur qu'on trouvera dans les *Variétés* [1], avec les divers modes que j'adoptai pour me hâter : car, en pareil cas, quelques heures de retard peuvent donner lieu à des accidens irréparables.

Je revins bientôt armé de ma potion, et déjà je trouvai du mieux : la couleur reparaissait aux joues, l'œil était détendu; mais la lèvre pendait toujours avec une effrayante difformité.

Le médecin ne tarda pas à reparaître. Je l'instruisis de ce que j'avais fait, et le malade fit ses aveux. Son front doctoral prit d'abord un aspect sévère; mais bientôt, nous regardant avec un air où il y avait un peu d'ironie : « Vous ne devez pas être étonné, dit-il à mon ami, que je n'aie pas deviné une maladie qui ne convient ni à votre âge ni à votre état, et il y a de votre part trop de modestie à en cacher la cause, qui ne pouvait que vous faire honneur. J'ai encore à vous gronder de ce que vous m'avez exposé à une erreur qui aurait pu vous

---

1. Voyez à la fin de ce volume, n° 10.

être funeste. Au surplus, mon confrère, ajouta-t-il en me faisant un salut que je lui rendis avec usure, vous a indiqué la bonne route : prenez son potage, quel que soit le nom qu'il lui donne, et, si la fièvre vous quitte, comme je crois, déjeunez demain avec une tasse de chocolat dans laquelle vous ferez délayer deux jaunes d'œufs frais. »

A ces mots, il prit sa canne, son chapeau, et nous quitta, nous laissant fort tentés de nous égayer à ses dépens.

Bientôt je fis prendre à mon malade une forte tasse de mon élixir de vie ; il le but avec avidité et voulait redoubler ; mais j'exigeai un ajournement de deux heures, et lui servis une seconde dose avant de me retirer.

Le lendemain, il était sans fièvre et presque bien portant ; il déjeuna suivant l'ordonnance, continua la potion, et put vaquer, dès le surlendemain, à ses occupations ordinaires ; mais la lèvre rebelle ne se releva qu'après le troisième jour.

Peu de temps après, l'affaire transpira, et toutes les dames en chuchotaient entre elles.

Quelques-unes admiraient mon ami, presque toutes le plaignaient, et le professeur gastronome fut glorifié.

MÉDITATION XXVI

DE LA MORT

Omnia mors poscit ; lex est, non pœna, perire.

———

120. — Le Créateur a imposé à l'homme six grandes et principales nécessités, qui sont : la naissance, l'action, le manger, le sommeil, la reproduction et la mort.

La mort est l'interruption absolue des relations sensuelles et l'anéantissement absolu des forces vitales, qui abandonne le corps aux lois de la décomposition.

Ces diverses nécessités sont toutes accompagnées et adoucies par quelques sensations de plaisir, et la mort elle-même n'est pas sans charmes quand elle est naturelle, c'est-à-dire quand le corps a parcouru les diverses phases de croissance, de virilité, de vieillesse et de décrépitude auxquelles il est destiné.

Si je n'avais pas résolu de ne faire ici qu'un très court chapitre, j'appellerais à mon aide les médecins qui ont observé par quelles nuances insensibles les corps animés passent à l'état de matière inerte.

Je citerais des philosophes, des rois, des littérateurs, qui, sur les bornes de l'éternité, loin d'être en proie à la douleur, avaient des pensées aimables et les ornaient du charme de la poésie.

Je rappellerais cette réponse de Fontenelle mourant, qui, interrogé sur ce qu'il sentait, répondit : « Rien autre chose qu'une difficulté de vivre. »

Mais je préfère n'annoncer que ma conviction, fondée non seulement sur l'analogie, mais encore sur plusieurs observations que je crois bien faites, et dont voici la dernière :

J'avais une grand'tante, âgée de quatre-vingt-treize ans, qui se mourait. Quoique gardant le lit depuis quelque temps, elle avait conservé toutes ses facultés, et on ne s'était aperçu de son état qu'à la diminution de son appétit et à l'affaiblissement de sa voix.

Elle m'avait toujours montré beaucoup d'amitié, et j'étais auprès de son lit, prêt à la servir avec tendresse, ce qui ne m'empêchait pas de l'observer avec cet œil philosophique que j'ai toujours porté sur tout ce qui m'environne.

« Es-tu là, mon neveu ? me dit-elle d'une voix à peine articulée. — Oui, ma tante ; je suis à vos ordres, et je crois que vous feriez bien de prendre un peu de bon vin vieux. — Donne, mon ami ; le liquide va toujours en bas. » Je me hâtai, et, la soulevant doucement, je lui fis avaler un demi-verre de mon meilleur vin. Elle se ranima à l'instant, et, tournant sur moi des yeux qui avaient été fort beaux : « Grand merci, me dit-elle, de ce dernier service. Si jamais tu viens à mon âge, tu verras que la mort devient un besoin, tout comme le sommeil. »

Ce furent ses dernières paroles, et demi-heure après elle s'était endormie pour toujours.

Le docteur Richerand a décrit avec tant de vérité et de philosophie les dernières dégradations du corps humain et les derniers momens de l'individu que mes lecteurs me sauront gré de leur faire connaître le passage suivant :

« Voici l'ordre dans lequel les facultés intellectuelles cessent et se décomposent. La raison, cet attribut dont l'homme se prétend le possesseur exclusif, l'abandonne la première. Il perd d'abord la puissance d'associer des jugemens, et bientôt après celle de comparer, d'assembler, de combi-

ner, de joindre ensemble plusieurs idées pour prononcer sur leurs rapports. On dit alors que le malade perd la tête, qu'il déraisonne, qu'il est en
délire. Celui-ci roule ordinairement sur les idées
les plus familières à l'individu ; la passion domi-
nante s'y fait aisément reconnaître : l'avare tient
sur ses trésors enfouis les propos les plus indis-
crets ; tel autre meurt assiégé de religieuses ter-
reurs. Souvenirs délicieux de la patrie absente !
vous vous réveillez alors avec tous vos charmes et
dans toute votre énergie.

« Après le raisonnement et le jugement, c'est
la faculté d'associer des idées qui se trouve frap-
pée de la destruction successive. Ceci arrive dans
l'état connu sous le nom de *défaillance,* comme je
l'ai éprouvé sur moi-même. Je causais avec un de
mes amis, lorsque j'éprouvai une difficulté insur-
montable à joindre deux idées sur la ressemblance desquelles je voulais porter un jugement.
Cependant la syncope n'était pas complète ; je
conservais encore la mémoire et la faculté de sentir ; j'entendais distinctement les personnes qui
étaient autour de moi dire : *Il s'évanouit,* et s'agiter
pour me faire sortir de cet état, *qui n'était pas sans
quelque douceur.*

« La mémoire s'éteint ensuite. Le malade qui,
dans son délire, reconnaissait encore ceux qui
l'approchaient, méconnaît enfin ses proches, puis

ceux avec lesquels il vivait dans une grande inti-
mité.

« Enfin il cesse de sentir; mais les sens s'étei-
gnent dans un ordre successif et déterminé : le goût
et l'odorat ne donnent plus aucun signe de leur
existence; les yeux se couvrent d'un nuage terne
et prennent une expression sinistre; l'oreille est
encore sensible aux sons et au bruit. Voilà pourquoi, sans doute, les anciens, pour s'assurer de la
réalité de la mort, étaient dans l'usage de pousser
de grands cris aux oreilles du défunt. Le mourant
ne flaire, ne goûte, ne voit et n'entend plus; il lui
reste la sensation du toucher; il s'agite dans sa
couche, promène ses bras au dehors, change à
chaque instant de posture; il exerce, comme nous
l'avons déjà dit, des mouvemens analogues à ceux
du fœtus qui remue dans le sein de sa mère. La
mort, qui va le frapper, ne peut lui inspirer aucune
frayeur, car il n'a plus d'idées, et il finit de vivre
comme il avait commencé, sans en avoir la conscience. » (Richerand, *Nouveaux Élémens de Physiologie,* 9ᵉ édit., t. II, p. 696.)

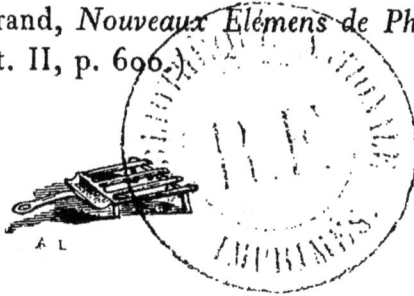

MÉDITATION XXVII

HISTOIRE PHILOSOPHIQUE

DE LA CUISINE

———

121. — La cuisine est le plus ancien des arts,
car Adam naquit à jeun, et le nouveau-né, à peine
entré dans ce monde, pousse des cris qui ne se
calment que sur le sein de sa nourrice.

C'est aussi, de tous les arts, celui qui nous a
rendu le service le plus important pour la vie civile :
car ce sont les besoins de la cuisine qui nous ont
appris à appliquer le feu, et c'est par le feu que
l'homme a dompté la nature.

Quand on voit les choses d'en haut, on peut compter jusqu'à trois espèces de *cuisine* :

La première, qui s'occupe de la préparation des alimens, a conservé le nom primitif;

La seconde s'occupe à les analyser et à en vérifier les élémens (on est convenu de l'appeler *chimie*);

Et la troisième, qu'on peut appeler *cuisine de réparation*, est plus connue sous le nom de *pharmacie*.

Si elles diffèrent par le but, elles se tiennent par l'application du feu, par l'usage des fourneaux et par l'emploi des mêmes vases.

Ainsi, le même morceau de bœuf que le cuisinier convertit en potage et bouilli, le chimiste s'en empare pour savoir en combien de sortes de corps il est résoluble, et le pharmacien nous le fait violemment sortir du corps, si par hasard il y cause une indigestion.

Ordre d'alimentation.

122. — L'homme est un animal omnivore : il a des dents incisives pour diviser les fruits, des dents molaires pour broyer les graines, et des dents canines pour déchirer les chairs; sur quoi on a remarqué que plus l'homme est rapproché de l'état sauvage, plus les dents canines sont fortes et faciles à distinguer.

Il est extrêmement probable que l'espèce fut longtemps frugivore, et elle y fut réduite par la nécessité : car l'homme est le plus lourd des animaux de l'ancien monde, et ses moyens d'attaque sont très bornés tant qu'il n'est pas armé.

Mais l'instinct de perfectionnement attaché à sa nature ne tarda pas à se développer; le sentiment même de sa faiblesse le porta à chercher à se faire des armes; il y fut poussé aussi par l'instinct carnivore, annoncé par ses dents canines, et, dès qu'il fut armé, il fit sa proie et sa nourriture de tous les animaux dont il était environné.

Cet instinct de destruction subsiste encore : les enfans ne manquent presque jamais de tuer les petits animaux qu'on leur abandonne; ils les mangeraient s'ils avaient faim.

Il n'est point étonnant que l'homme ait désiré se nourrir de chair : il a l'estomac trop petit, et les fruits ont trop peu de substances animalisables pour suffire pleinement à sa restauration; il pourrait mieux se nourrir de légumes, mais ce régime suppose des arts qui n'ont pu venir qu'à la suite des siècles.

Les premières armes durent être des branches d'arbres, et, plus tard, on eut des arcs et des flèches.

Il est très digne de remarque que, partout où l'on a trouvé l'homme, sous tous les climats, à toutes les latitudes, on l'a toujours trouvé armé d'arcs et de flèches. Cette uniformité est difficile à expliquer. On ne voit pas comment la même série d'idées s'est présentée à des individus soumis à des circonstances si différentes; elle doit provenir d'une cause qui s'est cachée derrière le rideau des âges.

La chair crue n'a qu'un inconvénient : c'est de s'attacher aux dents par sa viscosité; à cela près, elle n'est point désagréable au goût. Assaisonnée d'un peu de sel, elle se digère très bien et doit être plus nourrissante que toute autre.

« *Mein God!* me disait, en 1815, un capitaine de Croates à qui je donnais à dîner, il ne faut pas tant d'apprêts pour faire bonne chère. Quand nous sommes en campagne et que nous avons faim, nous abattons la première bête qui nous tombe sous la main; nous en coupons un morceau bien charnu; nous le saupoudrons d'un peu de sel, que nous avons toujours dans la sabretache[1]; nous le mettons sous la selle, sur le dos du cheval; nous donnons un temps de galop, et (faisant le mouvement d'un homme qui déchire à belles dents) *gnian, gnian, gnian, gnian,* nous nous régalons comme des princes. »

---

1. La *sabretache*, ou poche de sabre, est cette espèce de sac écussonné qui est suspendu au baudrier, d'où pend le sabre des troupes légères; elle joue un grand rôle dans les contes que les soldats font entre eux.

Quand les chasseurs du Dauphiné vont à la chasse, dans le mois de septembre, ils sont également pourvus de poivre et sel. S'ils tuent un becfigue de haute graisse, ils le plument, l'assaisonnent, le portent quelque temps sur leur chapeau et le mangent.

Ils assurent que cet oiseau, ainsi traité, est encore meilleur que rôti.

D'ailleurs, si nos trisaïeux mangeaient leurs alimens crus, nous n'en avons pas tout à fait perdu l'habitude. Les palais les plus délicats s'arrangent très bien des saucissons d'Arles, des mortadelles, du bœuf fumé de Hambourg, des anchois, des harengs pecs et autres pareils, qui n'ont pas passé par le feu et qui n'en réveillent pas moins l'appétit.

Découverte du feu.

123. — Après qu'on se fut régalé assez longtemps à la manière des Croates, on découvrit le feu; et ce fut encore un hasard, car le feu n'existe pas spontanément sur la terre. Les habitans des îles Mariannes ne le connaissaient pas.

Cuisson.

124. — Le feu une fois connu, l'instinct de perfectionnement fit qu'on en approcha les viandes,

d'abord pour les sécher, et ensuite on les mit sur des charbons pour les cuire.

La viande ainsi traitée fut trouvée bien meilleure : elle prend plus de consistance, se mâche avec beaucoup plus de facilité, et l'osmazôme, en se rissolant, s'aromatise et lui donne un parfum qui n'a pas cessé de nous plaire.

Cependant on vint à s'apercevoir que la viande cuite sur les charbons n'est pas exempte de souillure, car elle entraîne toujours avec elle quelques parties de cendres ou de charbon, dont on la débarrasse difficilement. On remédia à cet inconvénient en la perçant avec des broches qu'on mettait au-dessus des charbons ardens, en les appuyant sur des pierres d'une hauteur convenable.

C'est ainsi qu'on parvint aux grillades, préparation aussi simple que savoureuse : car toute viande grillée est de haut goût, parce qu'elle se fume en partie.

Les choses n'étaient pas beaucoup plus avancées du temps d'Homère, et j'espère qu'on verra ici, avec plaisir, la manière dont Achillë reçut dans sa tente trois des plus considérables d'entre les Grecs, dont l'un était un roi.

Je dédie aux dames la narration que j'en vais faire, parce qu'Achille était le plus beau des Grecs, et que sa fierté ne l'empêcha pas de pleurer quand on lui enleva Briséis; c'est aussi pour elles que je

choisis la traduction élégante de M. Dugas de
Montbel, auteur doux, complaisant et assez gourmand pour un helléniste :

Majorem jam crateram, Mœnetii fili, appone,
Meraciusque misce, poculum autem para unicuique;
Charissimi enim isti viri meo sub tecto.
Sic dixit : Patroclus autem dilecto obedivit socio;
Sed cacabum ingentem posuit ad ignis jubar.
Tergum in ipso posuit ovis et pinguis capræ.
Apposuit et suis saginati scapulam abundantem pinguedine.
Huic tenebat carnes Automedon, secabatque nobilis Achilles.
Eas quidem minute secabat, et verubus affigebat.
Ignem Mœnctiades accendebat magnum, deo similis vir;
Sed, postquam ignis deflagravit, et flamma extincta est,
Prunas sternens, verua desuper extendit.
Inspersit autem sale sacro, a lapidibus elevans.
At, postquam assavit et in mensas culinarias fudit,
Patroclus quidem, panem accipiens, distribuit in mensas,
Pulchris in canistris, sed carnem distribuit Achilles.
Ipse autem adversus sedit Ulyssi divino,
Ad parietem alterum. Diis autem sacrificare jussit
Patroclum suum socium. Is in ignem jecit libamenta.
Hi in cibos paratos appositos manus immiserunt.
Sed, postquam potus et cibi desiderium exemerunt,
Innuit Ajax Phœnici; intellexit autem divinus Ulysses,
Implensque vino poculum, propinavit Achilli [1]*, etc.*

« Aussitôt Patrocle obéit aux ordres de son compagnon fidèle. Cependant Achille approche de la

---

1. Je n'ai pas copié le texte original, que peu de personnes auraient entendu ; mais j'ai cru devoir donner la
version latine, parce que cette langue, plus répandue, se
moulant parfaitement sur le grec, se prête mieux aux détails et à la simplicité de ce repas héroïque.

flamme étincelante un vase qui renferme les épaules
d'une brebis, d'une chèvre grasse, et le large dos
d'un porc succulent. Automédon tient les viandes
que coupe le divin Achille ; celui-ci les divise en
morceaux et les perce avec des pointes de fer.

« Patrocle, semblable aux immortels, allume un
grand feu. Dès que le bois consumé ne jette plus
qu'une flamme languissante, il pose sur le brasier
de longs dards soutenus par deux fortes pierres et
répand le sel sacré.

« Quand les viandes sont prêtes, que le festin
est dressé, Patrocle distribue le pain autour de la
table dans de riches corbeilles ; mais Achille veut
lui-même servir les viandes. Ensuite il se place vis-
à-vis d'Ulysse, à l'autre extrémité de la table, et
commande à son compagnon de sacrifier aux
dieux.

« Patrocle jette dans les flammes les prémices
du repas, et tous bientôt portent les mains vers les
mets qu'on leur a servis et préparés. Lorsque, dans
l'abondance des festins, ils ont chassé la faim et la
soif, Ajax fait un signe à Phénix ; Ulysse l'aperçoit, il remplit de vin sa large coupe, et, s'adressant au héros : « Salut, Achille, » dit-il... »

Ainsi, un roi, un fils de roi et trois généraux
grecs dînèrent fort bien avec du pain, du vin et
de la viande grillée.

Il faut croire que, si Achille et Patrocle s'occupèrent eux-mêmes des apprêts du festin, c'était par extraordinaire et pour honorer d'autant plus les hôtes distingués dont ils recevaient la visite : car ordinairement les soins de la cuisine étaient abandonnés aux esclaves et aux femmes. C'est ce qu'Homère nous apprend encore en s'occupant, dans l'*Odyssée*, des repas des poursuivans.

On regardait alors les entrailles des animaux farcies de sang et de graisse comme un mets très distingué (c'était du boudin).

A cette époque, et sans doute longtemps auparavant, la poésie et la musique s'étaient associées aux délices des repas. Des chantres vénérés célébraient les merveilles de la nature, les amours des dieux et les hauts faits des guerriers; ils exerçaient une espèce de sacerdoce, et il est probable que le divin Homère lui-même était issu de quelques-uns de ces hommes favorisés du Ciel. Il ne se fût point élevé si haut si ses études poétiques n'avaient pas commencé dès son enfance.

Mme Dacier remarque qu'Homère ne parle de viande bouillie en aucun endroit de ses ouvrages. Les Hébreux étaient plus avancés, à cause du séjour qu'ils avaient fait en Égypte; ils avaient des vaisseaux qui allaient sur le feu, et c'est dans un vase pareil que fut faite la soupe que Jacob vendit si cher à son frère Ésaü.

Il est véritablement difficile de deviner com-

ment l'homme est parvenu à travailler les métaux.
Ce fut, dit-on, Tubalcaïn qui s'en occupa le premier.

Dans l'état actuel de nos connaissances, des métaux nous servent à traiter d'autres métaux; nous
les assujettissons avec des pinces de fer; nous les
forgeons avec des marteaux de fer; nous les tail-
lons avec des limes d'acier; mais je n'ai encore
trouvé personne qui ait pu m'expliquer comment
fut faite la première pince et forgé le premier
marteau.

Festins des Orientaux. — Des Grecs.

125. La cuisine fit de grands progrès quand on
eut, soit en airain, soit en poterie, des vases qui
résistèrent au feu : on put assaisonner les viandes,
faire cuire les légumes; on eut du bouillon, du jus,
des gelées. Toutes ces choses se suivent et se tiennent.

Les livres les plus anciens qui nous restent font
mention honorable des festins des rois d'Orient. Il
n'est pas difficile de croire que des monarques qui
régnaient sur des pays fertiles en toutes choses, et
surtout en épiceries et en parfums, eussent des tables somptueuses; mais les détails nous manquent :
on sait seulement que Cadmus, qui apporta l'écri-
ture en Grèce, avait été cuisinier du roi de Sidon.

Ce fut aussi chez ces peuples voluptueux et mous que s'introduisit la coutume d'entourer de lits les tables des festins et de manger couchés.

Ce raffinement, qui tient de la faiblesse, ne fut pas partout également bien reçu. Les peuples qui faisaient un cas particulier de la force et du courage, ceux chez qui la frugalité était une vertu, le repoussèrent longtemps; mais il fut adopté à Athènes, et cet usage fut longtemps général dans le monde civilisé.

La cuisine et ses douceurs furent en grande faveur chez les Athéniens, peuple élégant et avide de nouveautés; les rois, les particuliers riches, les poètes, les savans, donnèrent l'exemple, et les philosophes eux-mêmes ne crurent pas devoir se refuser à des jouissances puisées au sein de la nature.

Après ce qu'on lit dans les anciens auteurs, on ne peut pas douter que leurs festins ne fussent de véritables fêtes.

La chasse, la pêche et le commerce leur procuraient une grande partie des objets qui passent encore pour excellens, et la concurrence les avait fait monter à un prix excessif.

Tous les arts concouraient à l'ornement de leurs tables, autour desquelles les convives se rangeaient, couchés sur des lits couverts de riches tapis de pourpre.

On se faisait une étude de donner encore plus

de prix à la bonne chère par une conversation agréable, et les propos de table devinrent une science.

Les chants, qui avaient lieu vers le troisième service, perdirent leur sévérité antique ; ils ne furent plus exclusivement employés à célébrer les dieux, les héros et les faits historiques : on chanta l'amitié, le plaisir et l'amour, avec une douceur et une harmonie auxquelles nos langues sèches et dures ne pourront jamais atteindre.

Les vins de Grèce, que nous trouvons encore excellens, avaient été examinés et classés par les gourmets, à commencer par les plus doux jusques aux plus fumeux. Dans certains repas, on en parcourait l'échelle tout entière, et, au contraire de ce qui se fait aujourd'hui, les verres grandissaient en raison de la bonté du vin qui y était versé.

Les plus jolies femmes venaient encore embellir ces réunions voluptueuses.

Des danses, des jeux et des divertissemens de toute espèce prolongeaient les plaisirs de la soirée. On respirait la volupté par tous les pores, et plus d'un Aristippe arrivé sous la bannière de Platon fit retraite sous celle d'Épicure.

Les savans s'empressèrent à l'envi d'écrire sur un art qui procurait de si douces jouissances. Platon, Athénée et plusieurs autres nous ont conservé leurs noms ; mais, hélas ! leurs ouvrages sont perdus, et, s'il faut surtout en regretter quelqu'un, ce doit être *la Gastronomie* d'Archestrate, qui fut l'ami d'un des fils de Périclès.

« Ce grand écrivain, dit Théotime, avait parcouru les terres et les mers pour connaître par lui-même ce qu'elles produisent de meilleur. Il s'instruisait, dans ses voyages, non des mœurs des peuples, puisqu'il est impossible de les changer, mais il entrait dans les laboratoires où se préparent les délices de la table, et il n'eut de commerce qu'avec les hommes utiles à ses plaisirs. Son poème est un trésor de science et ne contient pas un vers qui ne soit un précepte. »

Tel fut l'état de la cuisine en Grèce, et il se soutint ainsi jusqu'au moment où une poignée d'hommes qui étaient venus s'établir sur les bords du Tibre étendit sa domination sur les peuples voisins et finit par envahir le monde.

Festins des Romains.

126. — La bonne chère fut inconnue aux Romains tant qu'ils ne combattirent que pour assurer leur indépendance ou pour subjuguer leurs voisins, tout aussi pauvres qu'eux. Alors leurs généraux conduisaient la charrue, vivaient de légumes, etc. Les historiens frugivores ne manquent pas de louer

ces temps primitifs, où la frugalité était en grand honneur.

Mais, quand leurs conquêtes se furent étendues en Afrique, en Sicile et en Grèce ; quand ils se furent régalés, aux dépens des vaincus, dans des pays où la civilisation était plus avancée, ils importèrent à Rome des préparations qui les avaient charmés chez les étrangers, et tout porte à croire qu'elles y furent bien reçues.

Les Romains avaient envoyé à Athènes une députation pour en rapporter les lois de Solon ; ils y allaient encore pour étudier les belles-lettres et la philosophie. Tout en polissant leurs mœurs, ils connurent les délices des festins, et les cuisiniers arrivèrent à Rome avec les orateurs, les philosophes, les rhéteurs et les poètes.

Avec le temps et la série de succès qui firent affluer à Rome toutes les richesses de l'univers, le luxe de la table fut poussé à un point presque incroyable.

On goûta de tout, depuis la cigale jusqu'à l'autruche, depuis le loir jusqu'au sanglier [1].

---

1. GLIRES FARSI. — *Glires isicio porcino, item pulpis ex omni glirium membro tritis, cum pipere, nucleis, lasere, liquamine, farcies glires, et sutos in tegula positos mittes in furnum, aut farsos in clibano coques.*

Les loirs passaient pour un mets délicat ; on apportait quelquefois des balances sur la table pour en vérifier le

Tout ce qui peut piquer le goût fut essayé comme assaisonnement ou employé comme tel, des substances dont nous ne pouvons pas concevoir l'usage, comme l'assa fœtida, la rue, etc.

L'univers connu fut mis à contribution par les armées et les voyageurs. On apporta d'Afrique les pintades et les truffes, les lapins d'Espagne, les faisans de la Grèce, où ils étaient venus des bords du Phase, et les paons de l'extrémité de l'Asie.

Les plus considérables d'entre les Romains se firent gloire d'avoir de beaux jardins, où ils firent cultiver non seulement les fruits anciennement connus, tels que les poires, les pommes, les figues, le raisin, mais encore ceux qui furent apportés de divers pays, savoir : l'abricot, d'Arménie ; la pêche, de Perse ; le coing, de Sidon ; la framboise, des vallées du mont Ida, et la cerise, conquête de Lucullus dans le royaume de Pont. Ces

---

poids. On connaît cette épigramme de Martial au sujet des loirs :

Tota mihi dormitur hyems, et pinguior illo
Tempore sum quo me nil nisi somnus alit.

Lister, médecin gourmand d'une reine très gourmande (la reine Anne), s'occupant des avantages qu'on peut tirer, pour la cuisine, de l'usage des balances, observe que, si douze alouettes ne pèsent point douze onces, elles sont à peine mangeables ; qu'elles sont passables si elles pèsent douze onces ; mais que, si elles pèsent treize onces, elles sont grasses et excellentes.

importations, qui eurent nécessairement lieu dans des circonstances très diverses, prouvent du moins que l'impulsion était générale, et que chacun se faisait une gloire et un devoir de contribuer aux jouissances du peuple roi.

Parmi les comestibles, le poisson fut surtout un objet de luxe. Il s'établit des préférences en faveur de certaines espèces, et ces préférences augmentaient quand la pêche avait eu lieu dans certains parages. Le poisson des contrées éloignées fut apporté dans des vases pleins de miel, et, quand les individus dépassèrent la grandeur ordinaire, ils furent vendus à des prix considérables, par la concurrence qui s'établissait entre des consommateurs dont quelques-uns étaient plus riches que des rois.

Les boissons ne furent pas l'objet d'une attention moins suivie et de soins moins attentifs.

Les vins de Grèce, de Sicile et d'Italie firent les délices des Romains, et, comme ils tiraient leur prix soit du canton, soit de l'année où ils avaient été produits, une espèce d'acte de naissance était inscrit sur chaque amphore :

> *O nata mecum consule Manlio.*
>
> Hor.

Ce ne fut pas tout : par une suite de cet instinct d'exaltation que nous avons déjà indiqué, on s'appliqua à rendre les vins plus piquans et plus parfumés; on y fit infuser des fleurs, des aromates, des drogues de diverses espèces, et les préparations que les auteurs contemporains nous ont transmises sous le nom de *condita* devaient brûler la bouche et violemment irriter l'estomac.

C'est ainsi que déjà, à cette époque, les Romains rêvaient l'alcool, qui n'a été découvert qu'après plus de quinze siècles.

Mais c'est surtout vers les accessoires des repas que ce luxe gigantesque se portait avec plus de faveur.

Tous les meubles nécessaires pour les festins furent faits avec recherche, soit pour la matière, soit pour la main-d'œuvre. Le nombre des services augmenta graduellement jusques et passé vingt, et à chaque service on enlevait tout ce qui avait été employé aux services précédens.

Des esclaves étaient spécialement attachés à chaque fonction conviviale, et ces fonctions étaient minutieusement distinguées. Les parfums les plus précieux embaumaient la salle du festin. Des espèces de hérauts proclamaient le mérite des mets dignes d'une attention spéciale; ils annonçaient les titres qu'ils avaient à cette espèce d'ovation; enfin on n'oubliait rien de ce qui pouvait aiguiser l'appétit, soutenir l'attention et prolonger les jouissances.

Ce luxe avait aussi ses aberrations et ses bizarreries : tels étaient ces festins où les poissons et les oiseaux servis se comptaient par milliers, et ces mets qui n'avaient d'autre mérite que d'avoir coûté cher, tels que ce plat composé de la cervelle de cinq cents autruches, et cet autre où l'on voyait les langues de cinq mille oiseaux qui tous avaient parlé.

D'après ce qui précède, il nous semble qu'on peut facilement se rendre compte des sommes considérables que Lucullus dépensait à sa table et de la cherté des festins qu'il donnait dans le salon d'Apollon, où il était d'étiquette d'épuiser tous les moyens connus pour flatter la sensualité de ses convives.

Résurrection de Lucullus.

127. — Ces jours de gloire pourraient renaître sous nos yeux, et pour en renouveler les merveilles il ne nous manque qu'un Lucullus.

Supposons donc qu'un homme connu pour être puissamment riche voulût célébrer un grand événement politique ou financier, et donner à cette occasion une fête mémorable, sans s'inquiéter de ce qu'il en coûterait.

Supposons qu'il appelle tous les arts pour orner le lieu de la fête dans ses diverses parties, et qu'il ordonne aux préparateurs d'employer pour la bonne chère toutes les ressources de l'art, et d'abreuver les convives avec ce que les caveaux contiennent de plus distingué;

Qu'il fasse représenter pour eux, en ce dîner solennel, deux pièces jouées par les meilleurs ácteurs;

Que pendant le repas la musique se fasse entendre, exécutée par les artistes les plus renommés, tant pour les voix que pour les instrumens;

Qu'il ait fait préparer, pour entr'acte entre le dîner et le café, un ballet dansé par tout ce que l'Opéra a de plus léger et de plus joli;

Que la soirée se termine par un bal qui rassemble deux cents femmes choisies parmi les plus belles, et quatre cents danseurs choisis parmi les plus élégans;

Que le buffet soit constamment garni de ce qu'on connaît de mieux en boissons chaudes, fraîches et glacées;

Que vers le milieu de la nuit une collation savante vienne rendre à tous une vigueur nouvelle;

Que les servans soient beaux et bien vêtus, l'illumination parfaite, et, pour ne rien oublier, que l'amphitryon se soit chargé d'envoyer chercher et de reconduire commodément tout le monde.

Cette fête ayant été bien entendue, bien ordonnée, bien soignée et bien conduite, tous ceux

qui connaissent Paris conviendront avec moi qu'il
y aurait dans les mémoires du lendemain de quoi
faire trembler même le caissier de Lucullus.

En indiquant ce qu'il faudrait faire aujourd'hui
pour imiter les fêtes de ce Romain magnifique, j'ai
suffisamment appris au lecteur ce qui se pratiquait
alors pour les accessoires obligés des repas, où l'on
ne manquait pas de faire intervenir les comédiens,
les chanteurs, les mimes, les grimes et tout ce qui
peut contribuer à augmenter la joie des personnes
qui n'ont été convoquées que dans le but de se divertir.

Ce qu'on avait fait chez les Athéniens, ensuite
chez les Romains, plus tard chez nous dans le
moyen âge, et enfin de nos jours, prend sa source
dans la nature de l'homme, qui cherche avec impatience la fin de la carrière où il est entré, et dans
une certaine inquiétude qui le tourmente tant que
la somme totale de vie dont il peut disposer n'est
pas entièrement occupée.

Lecti-sternium *et incubation.*

128. — Comme les Athéniens, les Romains
mangeaient couchés; mais ils n'y arrivèrent que
par une voie en quelque façon détournée.

Ils se servirent d'abord de lits pour les repas
sacrés qu'on offrait aux dieux; les premiers magis-

trats et les hommes puissans en adoptèrent ensuite l'usage, et en peu de temps il devint général, et s'est conservé jusque vers le commencement du IVe siècle de l'ère chrétienne.

Ces lits, qui n'étaient d'abord que des espèces de bancs rembourrés de paille et recouverts de peaux, participèrent bientôt au luxe qui envahit tout ce qui avait rapport aux festins. Ils furent faits des bois les plus précieux, incrustés d'ivoire, d'or et quelquefois de pierreries; ils furent formés de coussins d'une mollesse recherchée, et les tapis qui les recouvraient furent ornés de magnifiques broderies.

On se couchait sur le côté gauche, appuyé sur le coude, et ordinairement le même lit recevait trois personnes.

Cette manière de se tenir à table, que les Romains appelaient *lecti-sternium*, était-elle plus commode, était-elle plus favorable que celle que nous avons adoptée ou plutôt reprise? Je ne le crois pas.

Physiquement envisagée, l'incubation exige un certain déploiement de forces pour garder l'équilibre, et ce n'est pas sans quelque douleur que le poids d'une partie du corps porte sur l'articulation du bras.

Sous le rapport physiologique, il y a bien aussi quelque chose à dire : l'imbuccation se fait d'une manière moins naturelle; les alimens coulent avec plus de peine et se tassent moins bien dans l'estomac.

L'ingestion des liquides, ou l'action de boire, était surtout bien plus difficile encore ; elle devait exiger une attention particulière pour ne pas répandre mal à propos le vin contenu dans ces larges coupes qui brillaient sur la table des grands ; et c'est sans doute pendant le règne du *lecti-sternium* qu'est né le proverbe qui dit que *de la coupe à la bouche il y a souvent bien du vin perdu.*

Il ne devait pas être plus facile de manger proprement quand on mangeait couché, surtout si l'on fait attention que plusieurs des convives portaient la barbe longue et qu'on se servait des doigts, ou tout au plus du couteau, pour porter les morceaux à la bouche, car l'usage des fourchettes est moderne. On n'en a point trouvé dans les ruines d'Herculanum, où l'on a cependant trouvé beaucoup de cuillers.

Il faut croire aussi qu'il se faisait, par-ci par-là, quelques outrages à la pudeur dans des repas où l'on dépassait fréquemment les bornes de la tempérance, sur des lits où les deux sexes étaient mêlés, et où il n'était pas rare de voir une partie des convives endormie :

> *Nam pransus jaceo, et satur supinus*
> *Pertundo tunicamque palliumque.*

Aussi c'est la morale qui réclama la première.

Dès que la religion chrétienne, échappée aux persécutions qui ensanglantèrent son berceau, eut acquis quelque influence, ses ministres élevèrent la voix contre les excès de l'intempérance.

Ils se récrièrent contre la longueur des repas où l'on violait tous leurs préceptes en s'entourant de toutes les voluptés. Voués par choix à un régime austère, ils placèrent la gourmandise parmi les péchés capitaux, critiquèrent amèrement la promiscuité des sexes, et attaquèrent surtout l'usage de manger sur des lits, usage qui leur parut le résultat d'une mollesse coupable et la cause principale des abus qu'ils déploraient.

Leur voix menaçante fut entendue : les lits cessèrent d'orner la salle des festins ; on revint à l'ancienne manière de manger en état de session, et, par un rare bonheur, cette réforme, ordonnée par la morale, n'a point tourné au détriment du plaisir.

Poésie.

129. — A l'époque dont nous nous occupons, la poésie conviviale subit une modification nouvelle, et prit dans la bouche d'Horace, de Tibulle et autres auteurs à peu près contemporains, une langueur et une mollesse que les muses grecques ne connaissaient pas :

Dulce ridentem Lalagem amabo,
Dulce loquentem.

HOR.

Quæris quot mihi basiationes
Tuæ, Lesbia, sint satis superque.

CAT.

Pande, puella, pande capillulos,
Flavos, lucentes, ut aurum nitidum ;
Pande, puella, collum candidum,
Productum bene candidis humeris.

GALLUS.

Irruption des Barbares.

130. — Les cinq ou six siècles que nous venons de parcourir en un petit nombre de pages furent les beaux temps pour la cuisine, ainsi que pour ceux qui l'aiment et la cultivent ; mais l'arrivée ou plutôt l'irruption des peuples du Nord changea tout, bouleversa tout, et ces jours de gloire furent suivis d'une longue et terrible obscurité.

A l'apparition de ces étrangers, l'art alimentaire disparut avec les autres sciences, dont il est le compagnon et le consolateur. La plupart des cuisiniers furent massacrés dans les palais qu'ils desservaient ; les autres s'enfuirent pour ne pas régaler les oppresseurs de leur pays, et le petit nombre qui vint offrir ses services eut la honte de les voir refuser. Ces bouches féroces, ces gosiers brûlés, étaient insensibles aux douceurs d'une chère délicate. D'énor-

mes quartiers de viande et de venaison, des quan-
tités incommensurables des plus fortes boissons,
suffisaient pour les charmer; et, comme les usur-
pateurs étaient toujours armés, la plupart de ces
repas dégénéraient en orgies, et la salle des festins
vit souvent couler le sang.

Cependant il est dans la nature des choses
que ce qui est excessif ne dure pas. Les vainqueurs
se lassèrent enfin d'être cruels; ils s'allièrent avec
les vaincus, prirent une teinte de civilisation et
commencèrent à connaître les douceurs de la vie
sociale.

Les repas se ressentirent de cet adoucissement.
On invita ses amis, moins pour les repaître que
pour les régaler; les hôtes s'aperçurent qu'on faisait quelques efforts pour leur plaire; une joie plus
décente les anima, et les devoirs de l'hospitalité
eurent quelque chose de plus affectueux.

Ces améliorations, qui auraient eu lieu vers le
Ve siècle de notre ère, devinrent plus remarquables
sous Charlemagne, et on voit par ses Capitulaires
que ce grand roi se donnait des soins personnels
pour que ses domaines pussent fournir au luxe de
sa table.

Sous ce prince et sous ses successeurs, les fêtes
prirent une tournure à la fois galante et chevale-
resque; les dames vinrent embellir la cour; elles
distribuèrent le prix de la valeur, et l'on vit le fai-

san aux pattes dorées et le paon à la queue épa-
nouie posés sur les tables des princes par des
pages chamarrés d'or et par de gentes pucelles,
chez qui l'innocence n'excluait pas toujours le désir de plaire.

Remarquons bien que ce fut pour la troisième
fois que les femmes, séquestrées chez les Grecs,
chez les Romains et chez les Francs, furent appelées à faire l'ornement de leurs banquets. Les Ot-
tomans seuls ont résisté à l'appel ; mais d'effroya-
bles tempêtes menacent ce peuple insociable, et
trente ans ne s'écouleront pas sans que la voix puissante du canon n'ait proclamé l'émancipation générale des odalisques.

Le mouvement, une fois imprimé, a été transmis
jusqu'à nous, en recevant une forte progression par
le choc des générations.

Les femmes, même les plus titrées, s'occupèrent, dans l'intérieur de leurs maisons, de la préparation des alimens, qu'elles regardèrent comme
faisant partie des soins de l'hospitalité, qui avait
encore lieu en France vers la fin du XVIIe siècle.

Sous leurs jolies mains les alimens subirent
quelquefois des métamorphoses singulières : l'anguille eut le dard du serpent, le lièvre les oreilles
d'un chat, et autres *joyeusetés* pareilles. Elles firent
grand usage des épices que les Vénitiens commencèrent à tirer de l'Orient, ainsi que des eaux par-

fumées qui étaient fournies par les Arabes, de sorte
que le poisson fut quelquefois cuit à l'eau rose.
Le luxe de la table consista surtout dans l'abondance des mets, et les choses allèrent si loin que
nos rois se crurent obligés d'y mettre un frein par
des lois somptuaires qui eurent le même sort que
celles rendues en pareille matière par les législateurs grecs et romains : on en rit, on les éluda,
on les oublia, et elles ne restèrent dans les livres
que comme monumens historiques.

On continua donc à faire bonne chère tant qu'on
put, et surtout dans les abbayes, couvens et moû-
tiers, parce que les richesses affectées à ces établissemens étaient moins exposées aux chances et dangers des guerres intérieures qui ont si longtemps
désolé la France.

Étant bien certains que les dames françaises se
sont toujours plus ou moins mêlées de ce qui se
faisait dans leurs cuisines, on doit en conclure que
c'est à leur intervention qu'est due la prééminence
indisputable qu'a toujours eue en Europe la cuisine
française, et qu'elle a principalement acquise par
une quantité immense de préparations recherchées,
légères et friandes, dont les femmes seules ont pu
concevoir l'idée.

J'ai dit qu'on faisait bonne chère *tant qu'on
pouvait;* mais on ne pouvait pas toujours. Le souper de nos rois eux-mêmes était quelquefois aban-

donné au hasard. On sait qu'il ne fut pas toujours assuré pendant les troubles civils, et Henri IV eût fait un soir un bien maigre repas, s'il n'eût eu le bon esprit d'admettre à sa table le bourgeois possesseur heureux de la seule dinde qui existât dans une ville où le roi devait passer la nuit.

Cependant la science avançait insensiblement : les chevaliers croisés la dotèrent de l'échalote, arrachée aux plaines d'Ascalon; le persil fut importé d'Italie, et longtemps avant Louis IX les charcutiers et saucisseurs avaient fondé sur la manipulation du porc un espoir de fortune dont nous avons eu sous les yeux de mémorables exemples.

Les pâtissiers n'eurent pas moins de succès, et les produits de leur industrie figuraient honorablement dans tous les festins. Dès avant Charles IX ils formaient une corporation considérable, et ce prince leur donna des statuts où l'on remarque le privilège de fabriquer le pain à chanter messe.

Vers le milieu du XVIIᵉ siècle, les Hollandais apportèrent le café en Europe[1]. Soliman-Aga, ce

---

1. Parmi les Européens, les Hollandais furent les premiers qui tirèrent d'Arabie des plants du cafier, qu'ils transportèrent à Batavia, et qu'ils apportèrent ensuite en Europe.

M. de Reissont, lieutenant général d'artillerie, en fit venir un pied d'Amsterdam, et en fit cadeau au Jardin du

Turc puissant dont raffolèrent nos trisaïeules, leur
en fit prendre les premières tasses en 1660 ; un
Américain en vendit publiquement à la foire Saint-
Germain en 1670, et la rue Saint-André-des-Arts
eut le premier café orné de glaces et de tables de
marbre, à peu près comme on les voit de nos jours.

Alors aussi le sucre commença à poindre [1], et
Scarron, en se plaignant de ce que sa sœur avait,
par avarice, fait rétrécir les trous de son sucrier,
nous a du moins appris que de son temps ce
meuble était usuel.

C'est encore dans le XVIIe siècle que l'usage
de l'eau-de-vie commença à se répandre. La dis-
tillation, dont la première idée avait été apportée
par les croisés, était jusque-là demeurée un ar-
cane qui n'était connu que d'un petit nombre
d'adeptes. Vers le commencement du règne de
Louis XIV, les alambics commencèrent à devenir
communs ; mais ce n'est que sous Louis XV que
cette boisson est devenue vraiment populaire, et

Roi : c'est le premier qu'on ait vu à Paris. Cet arbre, dont
M. de Jussieu a fait la description, avait en 1613 un
pouce de diamètre et cinq pieds de hauteur. Le fruit est
fort joli et ressemble un peu à une cerise.

1. Quoi qu'ait dit Lucrèce, les anciens ne connurent pas
le sucre. Le sucre est un produit de l'art, et sans la cristallisation la canne ne donnerait qu'une boisson fade et sans
utilité.

ce n'est que depuis peu d'années que, de tâtonnemens en tâtonnemens, on est venu à obtenir de
l'alcool en une seule opération.

C'est encore vers la même époque qu'on commença à user de tabac : de sorte que le sucre, le
café, l'eau-de-vie et le tabac, ces quatre objets si
importans, soit au commerce, soit à la richesse
fiscale, ont à peine deux siècles de date.

Siècles de Louis XIV et de Louis XV.

131. — Ce fut sous ces auspices que commença
le siècle de Louis XIV, et, sous ce règne brillant,
la science des festins obéit à l'impulsion progres-
sive qui fit avancer toutes les autres sciences.

On n'a point encore perdu la mémoire de ces
fêtes, qui firent accourir toute l'Europe, ni de ces
tournois où brillèrent pour la dernière fois les
lances, que la baïonnette a si énergiquement rem-
placées, et ces armures chevaleresques, faibles ressources contre la brutalité du canon.

Toutes ces fêtes se terminaient par de somp-
tueux banquets qui en étaient comme le couron-
nement, car telle est la constitution de l'homme
qu'il ne peut point être tout à fait heureux quand
son goût n'a point été gratifié ; et ce besoin impérieux a soumis jusqu'à la grammaire, tellement
que pour exprimer qu'une chose a été faite avec

perfection nous disons qu'elle a été faite avec
goût.

Par une conséquence nécessaire, les hommes qui
présidèrent aux préparations de ces festins devinrent des hommes considérables, et ce ne fut pas
sans raison : car ils durent réunir bien des qualités
diverses, c'est-à-dire le génie pour inventer, le savoir pour disposer, le jugement pour propor-
tionner, la sagacité pour découvrir, la fermeté
pour se faire obéir et l'exactitude pour ne pas
faire attendre.

Ce fut dans ces grandes occasions que commença à se déployer la magnificence des *surtouts*,
art nouveau qui, réunissant la peinture et la sculp-
ture, présente à l'œil un tableau agréable, et
quelquefois un site approprié à la circonstance ou
au héros de la fête.

C'était là le grand et même le gigantesque de
l'art du cuisinier ; mais bientôt des réunions moins
nombreuses et des repas plus fins exigèrent une
attention plus raisonnée et des soins plus minutieux.

Ce fut au petit couvert, dans le salon des *favorites*, et aux soupers fins des courtisans et des
financiers, que les artistes firent admirer leur savoir, et, animés d'une louable émulation, cherchè-
rent à se surpasser les uns les autres.

Sur la fin de ce règne, le nom des cuisiniers les

plus fameux était presque toujours annexé à celui de leurs patrons, ces derniers en tiraient vanité. Ces deux mérites s'unissaient, et les noms les plus glorieux figurèrent dans les livres de cuisine, à côté des préparations qu'ils avaient protégées, inventées ou mises au monde.

Cet amalgame a cessé de nos jours : nous ne sommes pas moins gourmands que nos ancêtres, et bien au contraire ; mais nous nous inquiétons beaucoup moins du nom de celui qui règne dans les souterrains. L'applaudissement par inclination de l'oreille gauche est le seul tribut d'admiration que nous accordons à l'artiste qui nous enchante, et les restaurateurs, c'est-à-dire les cuisiniers du public, sont les seuls qui obtiennent une estime nominale, qui les place promptement au rang des grands capitalistes. *Utile dulci.*

Ce fut pour Louis XIV qu'on apporta des Échelles du Levant l'épine d'été, qu'il appelait *la bonne poire,* et c'est à sa vieillesse que nous devons les liqueurs.

Ce prince éprouvait quelquefois de la faiblesse et cette difficulté de vivre qui se manifeste souvent après l'âge de soixante ans ; on unit l'eau-de-vie au sucre et aux parfums pour lui en faire des potions qu'on appelait, suivant l'usage du temps, *potions cordiales.* Telle est l'origine de l'art du liquoriste.

Il est à remarquer qu'à peu près vers le même temps l'art de la cuisine florissait à la cour d'Angleterre. La reine Anne était très gourmande; elle ne dédaignait pas de s'entretenir avec son cuisinier, et les dispensaires anglais contiennent beaucoup de préparations désignées (*after queen's Ann fashion*) à la manière de la reine Anne.

La science, qui était restée stationnaire pendant la domination de Mme de Maintenon, continua sa marche ascensionnelle sous la Régence.

Le duc d'Orléans, prince spirituel et digne d'avoir des amis, partageait avec eux des repas aussi fins que bien entendus. Des renseignemens certains m'ont appris qu'on y distinguait surtout des piqués d'une finesse extrême, des matelotes aussi appétissantes qu'au bord de l'eau et des dindes glorieusement truffées.

Des dindes truffées!!! dont la réputation et le prix vont toujours croissant! Astres bénins, dont l'apparition fait scintiller, radier et tripudier les gourmands de toutes les catégories!

Le règne de Louis XV ne fut pas moins favorable à l'art alimentaire. Dix-huit ans de paix guérirent sans peine toutes les plaies qu'avaient faites plus de soixante ans de guerre; les richesses créées par l'industrie et répandues par le commerce, ou acquises par les traitans, firent disparaître l'inégalité des fortunes, et l'esprit de convivialité se répandit dans toutes les classes de la société.

C'est à dater de cette époque [1] qu'on a établi généralement, dans tous les repas, plus d'ordre, de propreté, d'élégance, et ces divers raffinemens qui, ayant toujours été en augmentant jusqu'à nos jours, menacent maintenant de dépasser toutes les limites et de nous conduire au ridicule.

Sous ce règne encore, les petites maisons et les femmes entretenues exigèrent des cuisiniers des efforts qui tournèrent au profit de la science.

On a de grandes facilités quand on traite une

---

[1]. D'après les informations que j'ai prises auprès des habitans de plusieurs départemens, vers 1740, un dîner de dix personnes se composait comme il suit :

1er *service.* { le bouilli;
                  une entrée de veau cuit dans son jus;
                  un hors-d'œuvre.

2º *service.* { un dindon;
                 un plat de légumes;
                 une salade;
                 une crème (quelquefois).

Dessert..... { du fromage;
                  du fruit;
                  un pot de confitures.

On ne changeait que trois fois d'assiette, savoir : après le potage, au second service et au dessert.

On servait très rarement du café, mais assez souvent du ratafia de cerises ou d'œillet, qu'on ne connaissait que depuis peu de temps.

assemblée nombreuse et des appétits robustes : avec de la viande de boucherie, du gibier, de la venaison et quelques grosses pièces de poisson, on a bientôt composé un repas pour soixante personnes.

Mais pour gratifier des bouches qui ne s'ouvrent que pour minauder, pour allécher des femmes vaporeuses, pour émouvoir des estomacs de papier mâché et faire aller des efflanqués chez qui l'appétit n'est qu'une velléité toujours prête à s'éteindre, il faut plus de génie, plus de pénétration et plus de travail que pour résoudre un des plus difficiles problèmes de géométrie de l'infini.

Louis XVI.

132. — Arrivés maintenant au règne de Louis XVI et aux jours de la Révolution, nous ne nous traînerons pas minutieusement sur les détails des changemens dont nous avons été témoins ; mais nous nous contenterons de signaler à grands traits les diverses améliorations qui, depuis 1774, ont eu lieu dans la science des festins.

Ces améliorations ont eu pour objet la partie naturelle de l'art, ou les mœurs et institutions sociales qui s'y rattachent, et, quoique ces deux ordres de choses agissent l'un sur l'autre avec une réciprocité continuelle, nous avons cru devoir,

pour plus de clarté, nous en occuper séparément.

Améliorations sous le rapport de l'art.

133. — Toutes les professions dont le résultat
est de préparer ou vendre les alimens, tels que cuisiniers, traiteurs, pâtissiers, confiseurs, magasins
de comestibles et autres pareils, se sont multipliées dans des proportions toujours croissantes;
et ce qui prouve que cette augmentation n'a eu
lieu que d'après des besoins réels, c'est que leur
nombre n'a point nui à leur prospérité.

La physique et la chimie ont été appelées au
secours de l'art alimentaire : les savans les plus distingués n'ont point cru au-dessous d'eux de s'occuper de nos premiers besoins, et ont introduit des
perfectionnemens, depuis le simple pot-au-feu de
l'ouvrier jusqu'à ces mets extractifs et transparens
qui ne sont servis que dans l'or ou le cristal.

Des professions nouvelles se sont élevées : par
exemple, les pâtissiers de petit four, qui sont la
nuance entre les pâtissiers proprement dits et les
confiseurs. Ils ont dans leur domaine les préparations où le beurre s'unit au sucre, aux œufs, à la
fécule, telles que les biscuits, les macarons, les
gâteaux parés, les meringues et autres friandises
pareilles.

L'art de conserver les alimens est aussi devenu une profession distincte, dont le but est de nous offrir dans tous les temps de l'année les diverses substances qui sont particulières à chaque saison.

L'horticulture a fait d'immenses progrès : les serres chaudes ont mis sous nos yeux les fruits des tropiques ; diverses espèces de légumes ont été acquises par la culture ou l'importation, et entre autres l'espèce de melons cantaloups, qui, ne produisant que de bons fruits, donne ainsi un démenti journalier au proverbe [1].

On a cultivé, importé et présenté dans un ordre régulier les vins de tous les pays : le madère qui ouvre la tranchée, les vins de France qui se partagent les services, et ceux d'Espagne et d'Afrique qui couronnent l'œuvre.

La cuisine française s'est approprié des mets de préparation étrangère, comme le karik et le bifteck ; des assaisonnemens, comme le kaviar et le soy ; des boissons, comme le punch, le négus et autres.

---

[1].   Il faut en essayer cinquante
Avant que d'en trouver un bon.

Il paraît que les melons, tels que nous les cultivons, n'étaient pas connus des Romains. Ce qu'ils appelaient *melo* et *pepo* n'étaient que des concombres qu'ils mangeaiemt avec des sauces extrêmement relevées. (Apicius, *De Re coquinaria.*)

Le café est devenu populaire : le matin, comme aliment; et, après dîner, comme boisson exhilarante et tonique.

On a inventé une grande diversité de vases, ustensiles et autres accessoires, qui donnent au repas une teinte plus ou moins marquée de luxe et de festivité : de sorte que les étrangers qui arrivent à Paris trouvent sur les tables beaucoup d'objets dont ils ignorent le nom et dont ils n'osent souvent pas demander l'usage.

Et, de tous ces faits, on peut tirer la conclusion générale qu'au moment où j'écris ces lignes tout ce qui précède, accompagne ou suit les festins, est traité avec un ordre, une méthode et une tenue qui marquent une envie de plaire tout à fait aimable pour les convives.

Derniers perfectionnemens.

131. — On a ressuscité du grec le mot *gastronomie*; il a paru doux aux oreilles françaises, et, quoique à peine compris, il a suffi de le prononcer pour porter sur toutes les physionomies le sourire de l'hilarité.

On a commencé à séparer la gourmandise de la voracité et de la goinfrerie; on l'a regardée comme un penchant qu'on pouvait avouer, comme une qualité sociale, agréable à l'amphitryon, profitable

au convive, utile à la science, et on a mis les gourmands à côté de tous les autres amateurs qui ont
aussi un objet connu de prédilection.

Un esprit général de convivialité s'est répandu
dans toutes les classes de la société ; les réunions
se sont multipliées, et chacun, en régalant ses
amis, s'est efforcé de leur offrir ce qu'il avait
remarqué de meilleur dans les zones supérieures.

Par suite du plaisir qu'on a trouvé à être ensemble, on a adopté pour le temps une division
plus commode, en donnant aux affaires le temps
qui s'écoule depuis le commencement du jour
jusqu'à sa chute, et en destinant le surplus aux
plaisirs qui accompagnent et suivent les festins.

On a institué les déjeuners à la fourchette, repas
qui a un caractère particulier par les mets dont il
est composé, par la gaieté qui y règne et par la
toilette négligée qui y est tolérée.

On a donné des thés, genre de commessation
tout à fait extraordinaire, en ce qu'étant offert
à des personnes qui ont bien dîné, elle ne suppose
ni l'appétit ni la soif ; qu'elle n'a pour but que la
distraction, et pour base que la friandise.

On a créé les banquets politiques, qui ont constamment eu lieu depuis trente ans, toutes les fois
qu'il a été nécessaire d'exercer une influence actuelle
sur un grand nombre de volontés : repas qui exi-
gent une grande chère, à laquelle on ne fait pas

attention, et où le plaisir n'est compté que pour mémoire.

Enfin les restaurateurs ont paru : institution tout à fait nouvelle, qu'on n'a point assez méditée, et dont l'effet est tel que tout homme qui est maître de trois ou quatre pistoles peut immédiatement, infailliblement et sans autre peine que celle de désirer, se procurer toutes les jouissances positives dont le goût est susceptible.

Méditation XXVIII.

MÉDITATION XXVIII

DES RESTAURATEURS

132.— Un restaurateur est celui dont le commerce consiste à offrir au public un festin toujours prêt, et dont les mets se détaillent en portions à prix fixe, sur la demande des consommateurs.

L'établissement se nomme *restaurant;* celui qui le dirige est le *restaurateur.* On appelle simplement *carte* l'état nominatif des mets, avec l'indication du prix; *et carte à payer* la note de la quantité des mets fournis et de leurs prix.

Parmi ceux qui accourent en foule chez les restaurateurs, il en est peu qui se doutent qu'il est impossible que celui qui créa le restaurant ne fût pas un homme de génie et un observateur profond.

Nous allons aider la paresse, et suivre la filiation des idées dont la succession dut amener cet établissement si usuel et si commode.

Établissement.

133. — Vers 1770, après les jours glorieux de Louis XIV, les roueries de la Régence et la longue tranquillité du ministère du cardinal de Fleury, les étrangers n'avaient encore à Paris que bien peu de ressources sous le rapport de la bonne chère.

Ils étaient forcés d'avoir recours à la cuisine des aubergistes, qui était généralement mauvaise. Il existait quelques hôtels avec table d'hôte, qui, à peu d'exceptions près, n'offraient que le strict nécessaire, et qui d'ailleurs avaient une heure fixe.

On avait bien la ressource des traiteurs; mais ils ne livraient que des pièces entières; et celui qui voulait régaler quelques amis était forcé de commander à l'avance; de sorte que ceux qui n'avaient pas le bonheur d'être invités dans quelque maison opulente quittaient la grande ville sans connaître les ressources et les délices de la cuisine parisienne.

Un ordre de choses qui blessait des intérêts si

journaliers ne pouvait pas durer, et déjà quelques penseurs rêvaient une amélioration.

Enfin il se trouva un homme de tête qui jugea qu'une cause aussi active ne pouvait rester sans effet ; que, le même besoin se reproduisant chaque jour, vers les mêmes heures, les consommateurs viendraient en foule là où ils seraient certains que ce besoin serait agréablement satisfait ; que, si on détachait une aile de volaille en faveur du premier venu, il ne manquerait pas de s'en présenter un second qui se contenterait de la cuisse ; que l'abscision d'une première tranche, dans l'obscurité de la cuisine, ne déshonorerait pas le restant de la pièce ; qu'on ne regarderait pas à une légère augmentation de payement, quand on aurait été bien, promptement et proprement servi ; qu'on n'en finirait jamais, dans un détail nécessairement considérable, si les convives pouvaient disputer sur le prix et la qualité des plats qu'ils auraient demandés ; que d'ailleurs la variété des mets, combinée avec la fixité des prix, aurait l'avantage de pouvoir convenir à toutes les fortunes.

Cet homme pensa encore à beaucoup de choses qu'il est facile de deviner. Celui-là fut le premier *restaurateur*, et créa une profession qui commande à la fortune toutes les fois que celui qui l'exerce a de la bonne foi, de l'ordre et de l'habileté.

Avantages des restaurants.

134. — L'adoption des restaurateurs, qui de France a fait le tour de l'Europe, est d'un avantage extrême pour tous les citoyens, et d'une grande importance pour la science.

1º Par ce moyen, tout homme peut dîner à l'heure qui lui convient, d'après les circonstances où il se trouve placé par ses affaires ou ses plaisirs.

2º Il est certain de ne pas outrepasser la somme qu'il a jugé à propos de fixer pour son repas, parce qu'il sait d'avance le prix de chaque plat qui lui est servi.

3º Le compte étant une fois fait avec sa bourse, le consommateur peut, à sa volonté, faire un repas solide, délicat ou friand, l'arroser des meilleurs vins français ou étrangers, l'aromatiser de moka et le parfumer des liqueurs des deux mondes, sans autres limites que la vigueur de son appétit ou la capacité de son estomac. Le salon d'un restaurateur est l'Éden des gourmands.

4º C'est encore une chose extrêmement commode pour les voyageurs, pour les étrangers, pour ceux dont la famille réside momentanément à la campagne, et pour tous ceux, en un mot, qui n'ont point de cuisine chez eux ou qui en sont momentanément privés.

Avant l'époque dont nous avons parlé (1770),
les gens riches et puissans jouissaient presque exclusivement de deux grands avantages : ils voyageaient avec rapidité et faisaient constamment
bonne chère.

L'établissement des nouvelles voitures, qui font
cinquante lieues en vingt-quatre heures, a effacé
le premier privilège ; l'établissement des restaurateurs a détruit le second : par eux, la meilleure
chère est devenue populaire.

Tout homme qui peut disposer de quinze à
vingt francs, et qui s'assied à la table d'un restaurateur de première classe, est aussi bien et même
mieux traité que s'il était à la table d'un prince,
car le festin qui s'offre à lui est tout aussi splen-
dide ; et, ayant en outre tous les mets à commandement, il n'est gêné par aucune considération
personnelle.

Examen du Salon.

135. — Le salon d'un restaurateur, examiné
avec un peu de détail, offre à l'œil scrutateur du
philosophe un tableau digne de son intérêt par la
variété des situations qu'il rassemble.

Le fond est occupé par la foule des consommateurs solitaires, qui commandent à haute voix, attendent avec impatience, mangent avec précipita-
tion, payent et s'en vont.

On y voit des familles voyageuses qui, con-
tentes d'un repas frugal, l'aiguisent cependant par
quelque mets qui leur était inconnu, et paraissent
jouir avec plaisir d'un spectacle tout à fait nouveau
pour elles.

Près de là sont deux époux parisiens : on les
distingue par le chapeau et le châle suspendus sur
leur tête. On voit que depuis longtemps ils n'ont
plus rien à se dire ; ils ont fait la partie d'aller à
quelque petit spectacle, et il y a à parier que l'un
des deux y dormira.

Plus loin sont deux amans : on en juge par l'empressement de l'un, les petites mignardises de l'autre, et la gourmandise de tous les deux. Le plaisir
brille dans leurs yeux ; et, par le choix qui préside
à la composition de leur repas, le présent sert à
deviner le passé et à prévoir l'avenir.

Au centre est une table meublée d'habitués qui,
le plus souvent, obtiennent un rabais et dînent à
prix fixe. Ils connaissent par leur nom tous les
garçons de salle, et ceux-ci leur indiquent en secret ce qu'il y a de plus frais et de plus nouveau.
Ils sont là comme un fonds de magasin, comme un
centre autour duquel les groupes viennent se former, ou, pour mieux dire, comme les canards privés dont on se sert en Bretagne pour attirer les
canards sauvages.

On y rencontre aussi des individus dont tout le

monde connaît la figure, et dont personne ne sait le nom. Ils sont à l'aise comme chez eux, et cherchent assez souvent à engager la conversation avec leurs voisins. Ils appartiennent à quelques-unes de ces espèces qu'on ne rencontre qu'à Paris, et qui, n'ayant ni propriété, ni capitaux, ni industrie, n'en font pas moins une forte dépense.

Enfin, on aperçoit çà et là des étrangers, et surtout des Anglais : ces derniers se bourrent de viandes à portions doubles, demandent tout ce qu'il y a de plus cher, boivent les vins les plus fumeux, et ne se retirent pas toujours sans aides.

On peut vérifier chaque jour l'exactitude de ce tableau ; et, s'il est fait pour piquer la curiosité, peut-être pourrait-il affliger la morale.

Inconvéniens.

136. — Nul doute que l'occasion et la toute-puissance des objets présens n'entraînent beaucoup de personnes dans des dépenses qui excèdent leurs facultés. Peut-être les estomacs délicats lui doivent-ils quelques indigestions, et la Vénus infime quelques sacrifices intempestifs.

Mais ce qui est bien plus funeste pour l'ordre social, c'est que nous regardons comme certain que la réfection solitaire renforce l'égoïsme, habitue l'individu à ne regarder que soi, à s'isoler de tout ce qui l'entoure, à se dispenser d'égards ; et par leur conduite avant, pendant et après le repas, dans la société ordinaire, il est facile de distinguer, parmi les convives, ceux qui vivent habituellement chez le restaurateur [1].

Émulation.

137. — Nous avons dit que l'établissement des restaurateurs avait été d'une grande importance pour l'établissement de la science.

Effectivement, dès que l'expérience a pu apprendre qu'un seul ragoût, éminemment traité, suffisait pour faire la fortune de l'inventeur, l'intérêt, ce puissant mobile, a allumé toutes les imaginations et mis en œuvre tous les préparateurs.

L'analyse a découvert des parties esculentes dans des substances jusqu'ici réputées inutiles ; des comestibles nouveaux ont été trouvés ; les anciens ont été améliorés ; les uns et les autres ont été combinés de mille manières. Les inventions étrangères ont été importées ; l'univers entier a été mis à contribution, et il est tel de nos repas où l'on

---

1. Entre autres, quand on fait courir une assiette pleine de morceaux tout découpés, ils se servent et la posent devant eux, sans la passer au voisin, dont ils n'ont pas coutume de s'occuper.

pourrait faire un cours complet de géographie alimentaire.

Restaurateurs à prix fixe.

138. — Tandis que l'art suivait ainsi un mouvement d'ascension, tant en découvertes qu'en
cherté (car il faut toujours que la nouveauté se
paye), le même motif, c'est-à-dire l'espoir du gain,
lui donnait un mouvement contraire, du moins relativement à la dépense.

Quelques restaurateurs se proposèrent pour but
de joindre la bonne chère à l'économie, et, en se
rapprochant des fortunes médiocres, qui sont nécessairement les plus nombreuses, de s'assurer ainsi
de la foule des consommateurs.

Ils cherchaient dans les objets d'un prix peu
élevé ceux qu'une bonne préparation peut rendre
agréables.

Ils trouvaient dans la viande de boucherie, toujours bonne à Paris, et dans le poisson de mer, qui
y abonde, une ressource inépuisable, et pour com-
plément des légumes et des fruits, que la nouvelle
culture donne toujours à bon marché.

Ils calculaient ce qui est rigoureusement nécessaire pour remplir un estomac d'une capacité ordinaire et apaiser une soif non cynique.

Ils observaient qu'il est beaucoup d'objets qui ne
doivent leur prix qu'à la nouveauté ou à la saison,

et qui peuvent être offerts un peu plus tard et dégagés de cet obstacle; enfin ils sont venus peu à
peu à un point de précision tel qu'en gagnant 25
ou 30 pour cent ils ont pu donner à leurs habitués,
pour deux francs et même moins, un dîner suffisant
et dont tout homme bien né peut se contenter,
puisqu'il en coûterait au moins mille francs par
mois pour tenir dans une maison particulière une
table aussi bien fournie et aussi variée.

Les restaurateurs, considérés sous ce dernier
point de vue, ont rendu un service signalé à cette
partie intéressante de la population de toute grande
ville qui se compose des étrangers, des militaires et
des employés, et ils ont été conduits par leur
intérêt à la solution d'un problème qui y semblait
contraire, savoir : de faire faire bonne chère, et
cependant à prix modéré, et même à bon marché.

Les restaurateurs qui ont suivi cette route n'ont
pas été moins bien récompensés que leurs autres
confrères; ils n'ont pas essuyé autant de revers
que ceux qui étaient à l'autre extrémité de l'échelle,
et leur fortune, quoique plus lente, a été plus
sûre : car, s'ils gagnaient moins à la fois, ils gagnaient tous les jours ; et il est de vérité mathématique que, quand un nombre égal d'unités sont
rassemblées en un point, elles donnent un total
égal, soit qu'elles aient été réunies par dizaines,
soit qu'elles aient été rassemblées une à une.

Les amateurs ont retenu les noms de plusieurs
artistes qui ont brillé à Paris depuis l'adoption des
restaurans. On peut citer Beauvilliers, Méot, Robert, Rose, Legacque, les frères Véry, Henneveu
et Baleine.

Quelques-uns de ces établissemens ont dû leur
prospérité à des causes spéciales, savoir : le *Veau
qui tette* aux pieds de mouton, le...... au gras-
double sur le gril, les *Frères Provençaux* à la
morue à l'ail, *Véry* aux entrées truffées, *Robert*
aux dîners commandés, *Baleine* aux soins qu'il
se donnait pour avoir d'excellent poisson, et *Henneveu* aux boudoirs mystérieux de son quatrième
étage.

Mais, de tous ces héros de la gastronomie, nul
n'a plus de droit à une notice biographique que
Beauvilliers, dont les journaux de 1820 ont annoncé la mort.

Beauvilliers.

139. — Beauvilliers, qui s'était établi vers 1782,
a été, pendant plus de quinze ans, le plus fameux
restaurateur de Paris.

Le premier il eut un salon élégant, des garçons bien mis, un caveau soigné et une cuisine
supérieure ; et, quand plusieurs de ceux que nous
avons nommés ont cherché à l'égaler, il a soutenu
la lutte sans désavantage, parce qu'il n'a eu que

quelques pas à faire pour suivre les progrès de la science.

Pendant les deux occupations successives de Paris, en 1814 et 1815, on voyait constamment devant son hôtel des véhicules de toutes les nations ; il connaissait tous les chefs des corps étrangers, et avait fini par parler toutes leurs langues, autant qu'il était nécessaire à son commerce.

Beauvilliers publia, vers la fin de sa vie, un ouvrage en deux volumes in-8º intitulé : *l'Art du Cuisinier*. Cet ouvrage, fruit d'une longue expérience, porte le cachet d'une pratique éclairée, et jouit encore de toute l'estime qu'on lui accorda dans sa nouveauté. Jusque-là l'art n'avait point été traité avec autant d'exactitude et de méthode. Ce livre, qui a eu plusieurs éditions, a rendu bien faciles les ouvrages qui l'ont suivi, mais qui ne l'ont pas surpassé.

Beauvilliers avait une mémoire prodigieuse : il reconnaissait et accueillait, après vingt ans, des personnes qui n'avaient mangé chez lui qu'une fois ou deux ; il avait aussi, dans certains cas, une méthode qui lui était particulière.

Quand il savait qu'une société de gens riches était rassemblée dans ses salons, il s'approchait d'un air officieux, faisant ses baise-mains, et il paraissait donner à ses hôtes une attention toute spéciale.

Il indiquait un plat qu'il ne fallait pas prendre, un autre pour lequel il fallait se hâter, en commandait un troisième auquel personne ne songeait, faisait venir du vin d'un caveau dont lui seul avait la clef; enfin il prenait un ton si aimable et si engageant que tous ces articles *extra* avaient l'air d'être autant de gracieusetés de sa part. Mais ce rôle d'amphitryon ne durait qu'un moment; il s'éclipsait après l'avoir rempli, et, peu après, l'enflure de la carte et l'amertume du quart d'heure de Rabelais montraient suffisamment qu'on avait dîné chez un restaurateur.

Beauvilliers avait fait, défait et refait plusieurs fois sa fortune. Nous ne savons pas quel est celui de ces divers états où la mort l'a surpris ; mais il avait de tels exutoires que nous ne pensons pas que sa succession ait été une dépouille opime.

Le Gastronome chez le Restaurateur.

140. — Il résulte de l'examen des cartes de divers restaurateurs de première classe, et notamment de celles des frères Véry et des Frères Provençaux, que le consommateur qui vient s'asseoir dans le salon a sous la main, comme élémens de son dîner, au moins

   12 potages,
   24 hors-d'œuvre,

15 ou 20 entrées de bœuf,

20 entrées de mouton,

30 entrées de volaille et gibier,

15 ou 20 de veau,

12 de pâtisserie,

24 de poisson,

15 de rôts,

50 entremets,

50 desserts.

En outre, le bienheureux gastronome peut arroser tout cela d'au moins trente espèces de vins,
à choisir depuis le vin de Bourgogne jusqu'au vin
de Tokay ou du Cap, et de vingt ou trente espèces de liqueurs parfumées, sans compter le café
et les mélanges, tels que le punch, le négus, le sil-
labub et autres pareils.

Parmi ces diverses parties constituantes du dîner
d'un amateur, les parties principales viennent de
France, telles que la viande de boucherie, la volaille, les fruits ; d'autres sont d'imitation anglaise,
telles que le bifteck, le welch-rabbet, le punch, etc.;
d'autres viennent d'Allemagne, comme le sauer-
kraut, le bœuf de Hambourg, les filets de la
Forêt-Noire; d'autres d'Espagne, comme l'olla-
podrida, les garbanços, les raisins secs de Malaga,
les jambons au poivre de Xerica et les vins de liqueur; d'autres d'Italie, comme le macaroni, le
parmesan, les saucissons de Bologne, la polenta,

les glaces, les liqueurs; d'autres de Russie, comme
les viandes desséchées, les anguilles fumées, le
caviar; d'autres de Hollande, comme la morue,
les fromages, les harengs pecs, le curaçao, l'ani-
sette; d'autres d'Asie, comme le riz de l'Inde, le
sagou, le karrik, le soy, le vin de Schiraz, le café;
d'autres d'Afrique, comme le vin du Cap;
d'autres enfin d'Amérique, comme les pommes de
terre, les patates, les ananas, le chocolat, la vanille, le sucre, etc. : ce qui fournit à suffisance
la preuve de la proposition que nous avons émise
ailleurs, savoir qu'un repas, tel qu'on peut l'avoir
à Paris, est un tout cosmopolite où chaque partie
du monde comparaît par ses productions.

Méditation XXIX

MÉDITATION XXIX

LA GOURMANDISE CLASSIQUE

MISE EN ACTION

HISTOIRE DE M. DE BOROSE.

141. — M. de Borose naquit vers 1780. Son père était secrétaire du roi. Il perdit ses parens en bas âge, et se trouva de bonne heure possesseur de quarante mille livres de rente. C'était alors une belle fortune; maintenant ce n'est que ce qu'il faut tout juste pour ne pas mourir de faim.

Un oncle paternel soigna son éducation. Il

apprit le latin, tout en s'étonnant que, quand on pouvait tout exprimer en français, on se donnât tant de peine pour apprendre à dire les mêmes choses en d'autres termes. Cependant il fit des progrès, et, quand il fut parvenu jusqu'à Horace, il se convertit, trouva un grand plaisir à méditer sur des idées si élégamment revêtues, et fit de véritables efforts pour bien connaître la langue qu'avait parlée ce poète spirituel.

Il apprit aussi la musique, et, après plusieurs essais, se fixa au piano. Il ne se jeta point dans les difficultés indéfinies de cet outil musical [1], et, le réduisant à son véritable usage, il se contenta de devenir assez fort pour accompagner le chant.

Mais, sous ce rapport, on le préférait même aux professeurs, parce qu'il ne cherchait pas à se mettre sur le premier plan, ne faisait ni les bras, ni les yeux [2], et qu'il remplissait consciencieusement le devoir, imposé à tout accompagnateur, de soutenir et faire briller la personne qui chante.

---

1. Le piano est fait pour faciliter la composition de la musique et pour accompagner le chant. Joué seul, il n'a ni chaleur ni expression. Les Espagnols indiquent par *bordonean* l'action de jouer des instrumens qui se pincent.

2. Termes d'argot musical : *faire les bras,* c'est soulever les coudes et les arrière-bras, comme si on était étouffé par le sentiment ; *faire les yeux,* c'est les tourner vers le ciel, comme si on allait se pâmer ; *faire des brioches,* c'est manquer un trait, une intonation.

Sous l'égide de son âge, il traversa sans accident les temps les plus terribles de la Révolution ; mais il fut conscrit à son tour, acheta un homme qui alla bravement se faire tuer pour lui, et, bien muni de l'extrait mortuaire de son Sosie, se trouva convenablement placé pour célébrer nos triomphes ou déplorer nos revers.

M. de Borose était de taille moyenne, mais il était parfaitement bien fait. Quant à sa figure, elle était sensuelle, et nous en donnerons une idée en disant que, si on eût rassemblé avec lui dans le même salon Gavaudan des Variétés, Michot des Français et le vaudevilliste Désaugiers, ils auraient tous quatre eu l'air d'être de la même famille. Sur le tout, on était convenu de dire qu'il était joli garçon, et il eut parfois quelques raisons d'y croire.

Prendre un état fut pour lui une grande affaire. Il en essaya plusieurs ; mais, y trouvant toujours quelques inconvéniens, il se réduisit à une oisiveté occupée, c'est-à-dire qu'il se fit recevoir dans quelques sociétés littéraires, qu'il fut du comité de bienfaisance de son arrondissement, souscrivit à quelques réunions philanthropiques ; et, en ajoutant à cela le soin de sa fortune qu'il régissait à merveille, il eut, tout comme un autre, ses affaires, sa correspondance et son cabinet.

Arrivé à vingt-huit ans, il crut qu'il était temps

de se marier, ne voulut voir sa future qu'à table,
et, à la troisième entrevue, se trouva suffisamment
convaincu qu'elle était également jolie, bonne et
spirituelle.

Le bonheur conjugal de Borose fut de courte
durée : à peine y avait-il dix-huit mois qu'il était
marié quand sa femme mourut en couches, lui
laissant un regret éternel de cette séparation si
prompte , et pour consolation une fille qu'il
nomma Herminie, et dont nous nous occuperons
plus tard.

M. de Borose trouva assez de plaisir dans les
diverses occupations qu'il s'était faites. Cependant
il s'aperçut, à la longue, que, même dans les
assemblées choisies, il y a des prétentions, des
protecteurs, quelquefois un peu de jalousie. Il mit
toutes ces misères sur le compte de l'humanité, qui
n'est parfaite nulle part, n'en fut pas moins assidu ;
mais, obéissant, sans s'en douter, à l'ordre du des-
tin imprimé sur ses traits, vint peu à peu à se
faire une affaire principale des jouissances du goût.

M. de Borose disait que la gastronomie n'est
autre chose que la réflexion qui apprécie, appli-
quée à la science qui améliore.

Il disait avec Épicure [1] : « L'homme est-il donc
fait pour dédaigner les dons de la nature ? N'ar-

---

1. Alibert, *Physiol. des Passions*, t. Ier, p. 241.

rive-t-il sur la terre que pour y cueillir des fruits amers? Pour qui sont les fleurs que les dieux font croître aux pieds des mortels?... C'est complaire à la Providence que de s'abandonner aux divers penchans qu'elle nous suggère : nos devoirs viennent de ses lois, nos désirs de ses inspirations. »

Il disait, avec le professeur sébusien, que les bonnes choses sont pour les bonnes gens; autrement il faudrait tomber dans l'absurdité, et croire que Dieu ne les a créées que pour les méchans.

Le premier travail de Borose eut lieu avec son cuisinier, et eut pour but de lui montrer ses fonctions sous leur véritable point de vue.

Il lui dit qu'un cuisinier habile, qui pouvait être un savant par la théorie, l'était toujours par la pratique; que la nature de ses fonctions le plaçait entre le chimiste et le physicien. Il alla même jusqu'à lui dire que le cuisinier, chargé de l'entretien du mécanisme animal, était au-dessus du pharmacien, dont l'utilité n'est qu'occasionnelle.

Il ajoutait, avec un docteur aussi spirituel que savant[1], que « le cuisinier a dû approfondir l'art de modifier les alimens par l'action du feu, art inconnu aux anciens. Cet art exige de nos jours des études et des combinaisons savantes. Il faut avoir réfléchi longtemps sur les productions du globe

---

1. Alibert, *Physiol. des Passions*, t. Ier, p. 196.

pour employer avec habileté les assaisonnemens et déguiser l'amertume de certains mets, pour en rendre d'autres plus savoureux, pour mettre en œuvre les meilleurs ingrédiens. Le cuisinier européen est celui qui brille surtout dans l'art d'opérer ces merveilleux mélanges¯».

L'allocution fit son effet, et le chef[1], bien pénétré de son importance, se tint toujours à la hauteur de son emploi.

Un peu de temps, de réflexion et d'expérience, apprirent bientôt à M. de Borose que, le nombre des mets étant à peu près fixé par l'usage, un bon dîner n'est pas de beaucoup plus cher qu'un mauvais; qu'il n'en coûte pas cinq cents francs de plus par an pour ne boire jamais que de très bon vin, et que tout dépend de la volonté du maître, de l'ordre qu'il met dans sa maison, et du mouvement qu'il imprime à tous ceux dont il paye les services.

A partir de ces points fondamentaux, les dîners de Borose prirent un aspect classique et solennel : la renommée en célébra les délices; on se fit une

---

1. Dans une maison bien organisée, le cuisinier se nomme *chef*. Il a sous lui l'aide aux entrées, le pâtissier, le rôtisseur et les fouille-au-pot (l'office est une institution à part). Les fouille-au-pot sont les mousses de la cuisine : comme eux, ils sont souvent battus, et, comme eux, ils font quelquefois leur chemin.

gloire d'y avoir été appelé, et tels en vantèrent les charmes qui n'y avaient jamais paru.

Il n'engageait jamais ces soi-disant gastronomes qui ne sont que des gloutons, dont le ventre est un abîme, et qui mangent partout, de tout et tout; il trouvait à souhait, parmi ses amis, dans les trois premières catégories, des convives aimables, qui, savourant avec une attention vraiment philosophique, et donnant à cette étude tout le temps qu'elle exige, n'oubliaient jamais qu'il est un instant où la raison dit à l'appétit : *Non procedes amplius* (tu n'iras pas plus loin).

Il lui arrivait souvent que des marchands de comestibles lui apportaient des morceaux de haute distinction, et qu'ils préféraient les lui vendre à un prix modéré, par la certitude où ils étaient que ces mets seraient consommés avec calme et réflexion, qu'il en serait bruit dans la société, et que la réputation de leurs magasins s'en accroîtrait d'autant.

Le nombre des convives, chez M. de Borose, excédait rarement neuf, et les mets n'étaient pas très nombreux; mais l'insistance du maître et son goût exquis avaient fini par les rendre parfaits. La table présentait, en tout temps, ce que la saison pouvait offrir de meilleur, soit par la rareté, soit par la primeur, et le service se faisait avec tant de soin qu'il ne laissait rien à désirer.

La conversation pendant le repas était toujours

générale, gaie et souvent instructive. Cette dernière
qualité était due à une précaution très particulière
que prenait Borose.

Chaque semaine, un savant distingué, mais pauvre, auquel il faisait une pension, descendait de son
septième étage et lui remettait une série d'objets
propres à être discutés à table. L'amphitryon avait
soin de les mettre en avant quand les propos du
jour commençaient à s'user, ce qui ranimait la conversation et raccourcissait d'autant les discussions
politiques, qui troublent également l'ingestion et la
digestion.

Deux fois par semaine, il invitait des dames, et
il avait soin d'arranger les choses de manière que
chacune trouvait, parmi les convives, un cavalier qui
s'occupait uniquement d'elle. Cette précaution jetait beaucoup d'agrément dans sa société, car la
prude même la plus sévère est humiliée quand elle
reste inaperçue.

A ces jours seulement, un modeste écarté était
permis; les autres jours, on n'admettait que le piquet et le whist, jeux graves, réfléchis, et qui indiquent une éducation soignée. Mais le plus souvent
ces soirées se passaient dans une aimable causerie,
entremêlée de quelques romances, que Borose accompagnait avec ce talent que nous avons déjà indiqué, ce qui lui attirait des applaudissemens auxquels il était bien loin d'être insensible.

Le premier lundi de chaque mois, le curé de Borose venait dîner chez son paroissien; il était sûr d'y être accueilli avec toutes sortes d'égards. La conversation, ce jour-là, s'arrêtait sur un ton un peu plus sérieux, mais qui n'excluait cependant pas une innocente plaisanterie. Le cher pasteur ne se refusait pas aux charmes de cette réunion, et il se surprenait quelquefois à désirer que chaque mois eût quatre premiers lundis.

C'est au même jour que la jeune Herminie sortait de la maison de Mme Migneron[1], où elle était en pension. Cette dame accompagnait le plus souvent sa pupille. Celle-ci annonçait, à chaque visite, une grâce nouvelle; elle adorait son père, et, quand il la bénissait en déposant un baiser sur son front incliné, nuls êtres au monde n'étaient plus heureux qu'eux.

Borose se donnait des soins continuels pour que la dépense qu'il faisait pour sa table pût tourner au profit de la morale.

Il ne donnait sa confiance qu'aux fournisseurs

---

1. Mme Migneron-Rémy dirige, rue de Valois, faubourg du Roule, n° 4, une maison d'éducation, sous la protection de Mme la duchesse d'Orléans. Le local est superbe; la tenue parfaite, le ton excellent, les maîtres les meilleurs de Paris; et ce qui touche surtout le professeur, c'est qu'avec tant d'avantages le prix est tel que des fortunes presque modestes peuvent y atteindre.

qui se faisaient connaître par leur loyauté dans la qualité des choses et leur modération dans les prix; il les prônait et les aidait au besoin, car il avait encore coutume de dire que les gens trop pressés de faire leur fortune sont souvent peu délicats sur le choix des moyens.

Son marchand de vin s'enrichit assez promptement, parce qu'il fut proclamé sans mélange, qualité déjà rare, même chez les Athéniens du temps de Périclès, et qui n'est pas commune au XIXᵉ siècle.

On croit que c'est lui qui, par ses conseils, dirigea la conduite d'Hurbain, restaurateur au Palais-Royal : Hurbain, chez qui l'on trouve, pour deux francs, un dîner qu'on payerait ailleurs plus du double, et qui marche à la fortune par une route d'autant plus sûre que la foule croît chez lui en raison directe de la modération de ses prix.

Les mets enlevés de dessus la table du gastronome n'étaient point livrés à la discrétion des domestiques, amplement dédommagés d'ailleurs : tout ce qui conservait une belle apparence avait une destination indiquée par le maître.

Instruit, par sa place au comité de bienfaisance, des besoins et de la moralité d'un grand nombre de ses administrés, il était sûr de bien diriger ses dons, et des portions de comestibles encore très désirables venaient de temps en temps chasser le besoin et faire naître la joie : par exemple, la queue d'un gros brochet, la mitre d'un dindon, un morceau de filet, de la pâtisserie, etc., etc.

Mais, pour rendre ces envois encore plus profitables, il avait attention de les annoncer pour le lundi matin ou pour le lendemain d'une fête, obviant ainsi à la cessation du travail pendant les jours fériés, combattant les inconvéniens de la *Saint-Lundi* [1] et faisant de la sensualité l'antidote de la crapule.

Quand M. de Borose avait découvert dans la troisième ou quatrième classe des commerçans un jeune ménage bien uni et dont la conduite prudente annonçait les qualités sur lesquelles se fonde la prospérité des nations, il leur faisait la prévenance d'une visite et se faisait un devoir de les engager à dîner.

---

1. La plupart des ouvriers, à Paris, travaillent le dimanche matin pour finir l'ouvrage commencé, le rendre à qui de droit et en recevoir le prix ; après quoi ils partent et vont se divertir le reste du jour.

Le lundi matin, ils s'assemblent par coteries, mettent en commun tout ce qui leur reste d'argent, et ne se quittent pas que tout ne soit dépensé.

Cet état de choses, qui était rigoureusement vrai il y a dix ans, s'est un peu amélioré par les soins des maîtres d'ateliers et par les établissemens d'économie et d'accumulation ; mais le mal est encore très grand, et il y a beaucoup de temps et de travail perdu au profit des Tivolis, restaurateurs, cabaretiers et taverniers des faubourgs et de la banlieue.

Au jour indiqué, la jeune femme ne manquait pas de trouver des dames qui lui parlaient des soins intérieurs d'une maison, et le mari des hommes pour causer de commerce et de manufactures.

Ces invitations, dont le motif était connu, finirent par devenir une distinction, et chacun s'empressa de les mériter.

Pendant que toutes ces choses se passaient, la jeune Herminie croissait et se développait sous les ombrages de la rue de Valois; et nous devons à nos lecteurs le portrait de la fille, comme partie intégrante de la biographie du père.

Mlle Herminie de Borose est grande (5 pieds 1 pouce), et sa taille réunit la légèreté d'une nymphe à la grâce d'une déesse.

Fruit unique d'un mariage heureux, sa santé est parfaite, sa force physique remarquable; elle ne craint ni la chaleur ni le hâle, et les plus longues promenades ne l'épouvantent pas.

De loin, on la croirait brune; mais, en y regardant de plus près, on s'aperçoit que ses cheveux sont châtain foncé, ses cils noirs et ses yeux bleus d'azur.

La plupart de ses traits sont grecs, mais son nez est gaulois. Ce nez charmant fait un effet si gracieux qu'un comité d'artistes, après en avoir délibéré pendant trois dîners, a décidé que ce type,

tout français, est au moins aussi digne que tout
autre d'être immortalisé par le pinceau, le ciseau
et le burin.

Le pied de cette jeune fille est remarquablement
petit et bien fait. Le professeur l'a tant louée et
même cajolée à ce sujet qu'au jour de l'an 1825,
et avec l'approbation de son père, elle lui a fait
cadeau d'un joli petit soulier de satin noir, qu'il
montre aux élus, et dont il se sert pour prouver
que l'extrême sociabilité agit sur les formes comme
sur les personnes : car il prétend qu'un petit pied,
tel que nous le recherchons maintenant, est le produit des soins et de la culture, ne se trouve presque jamais parmi les villageois, et indique presque
toujours une personne dont les aïeux ont longtemps vécu dans l'aisance.

Quand Herminie a relevé sur son peigne la forêt
de cheveux qui couvre sa tête, et serré une simple
tunique avec une ceinture de ruban, on la trouve
charmante, et on ne se figure pas que des fleurs,
des perles ou des diamans puissent ajouter à sa
beauté.

Sa conversation est simple et facile, et on ne se
douterait pas qu'elle connaît tous nos meilleurs
auteurs; mais, dans l'occasion, elle s'anime, et la
finesse de ses remarques trahit son secret. Aussitôt
qu'elle s'en aperçoit, elle rougit, ses yeux se bais-
sent, et sa rougeur prouve sa modestie.

Mlle de Borose joue également bien du piano
et de la harpe; mais elle préfère ce dernier instru-
ment, par je ne sais quel sentiment enthousiaste
pour les harpes célestes dont sont armés les anges et pour les harpes d'or tant célébrées par
Ossian.

Sa voix est aussi d'une douceur et d'une rec-
titude célestes, ce qui ne l'empêche pas d'être un
peu timide; cependant elle chante sans se faire
prier, mais elle ne manque pas, en commençant,
de jeter sur son auditoire un regard qui l'ensorcelle,
de sorte qu'elle pourrait chanter faux comme tant
d'autres qu'on n'aurait pas la force de s'en apercevoir.

Elle n'a point négligé les travaux de l'aiguille,
source de jouissances bien innocentes, et ressources toujours prêtes contre l'ennui; elle travaille
comme une fée, et, chaque fois qu'il paraît quelque chose de nouveau en ce genre, la première
ouvrière du *Père de famille* est habituellement
chargée de venir le lui apprendre.

Le cœur d'Herminie n'a point encore parlé, et
la piété filiale a jusqu'ici suffi à son bonheur; mais
elle a une véritable passion pour la danse, qu'elle
aime à la folie.

Quand elle se place à une contredanse, elle paraît grandir de deux pouces, et on croirait qu'elle
va s'envoler; cependant sa danse est modérée et

ses pas sans prétention ; elle se contente de cir-
culer avec légèreté, en développant ses formes
aimables et gracieuses ; mais, à quelques échappées,
on devine ses pouvoirs, et on soupçonne que, si
elle usait de tous ses moyens, Mme Montessu
aurait une rivale.

Même quand l'oiseau marche, on voit qu'il a des ailes.

Auprès de cette fille charmante, qu'il avait retirée de sa pension, jouissant d'une fortune sage-
ment administrée et d'une considération justement
méritée, M. de Borose vivait heureux et aperce-
vait encore devant lui une longue carrière à parcourir ; mais toute espérance est trompeuse, et on
ne peut pas répondre de l'avenir.

Vers le milieu du mois de mars dernier, M. de
Borose fut invité à aller passer une journée à la
campagne avec quelques amis.

On était à un de ces jours prématurément
chauds, avant-coureurs du printemps, et on entendait aux bornes de l'horizon quelques-uns de
ces grondemens sourds qui font dire proverbiale-
ment que l'hiver se casse le cou, ce qui n'empêcha
pas qu'on se mît en route pour la promenade.

Cependant bientôt le ciel prit une face menaçante, les nuages s'amoncelèrent, et un orage
épouvantable éclata avec tonnerre, pluie et grêle.

Chacun se sauva comme il put et où il put.

M. de Borose chercha un asile sous un peuplier
dont les branches inférieures, inclinées en parasol,
paraissaient devoir le garantir.

Asile funeste ! La pointe de l'arbre allait chercher le fluide électrique jusque dans les nuages,
et la pluie, en tombant le long des branches, lui
servait de conducteur. Bientôt une détonation effroyable se fit entendre, et l'infortuné promeneur
tomba mort sans avoir le temps de pousser un
soupir.

Enlevé ainsi par le genre de mort que désirait
César, et sur lequel il n'y avait pas moyen de
gloser, M. de Borose fut enterré avec les cérémonies du rituel le plus complet. Son convoi fut suivi
jusqu'au cimetière du Père-Lachaise par une foule
de gens à pied et en voiture ; son éloge était dans
toutes les bouches, et, quand une voix amie pro-
nonça sur sa tombe une allocution touchante, il y
eut écho dans le cœur de tous les assistans.

Herminie fut atterrée d'un malheur si grand et
si inattendu. Elle n'eut pas de convulsions, elle
n'eut pas de crise de nerfs, elle n'alla pas cacher
sa douleur dans son lit ; mais elle pleura son père
avec tant d'abandon, de continuité et d'amertume,
que ses amis espérèrent que l'excès même de sa
douleur en deviendrait le remède : car nous ne
sommes pas assez fortement trempés pour éprouver
pendant longtemps un sentiment si vif.

Le temps a donc fait sur ce jeune cœur son effet immanquable : Herminie peut nommer son père sans fondre en larmes ; mais elle en parle avec une piété si douce, un regret si ingénu, un amour si actuel et un accent si profond, qu'il est impossible de l'entendre et de ne pas partager son attendrissement.

Heureux celui à qui Herminie donnera le droit de l'accompagner et de porter avec elle une couronne funéraire sur la tombe de *leur* père !

Dans une chapelle latérale de l'église de..., on remarque chaque dimanche, à la messe de midi, une grande et belle jeune personne accompagnée par une dame âgée. Sa tournure est charmante, mais un voile épais cache son visage. Il faut cependant que les traits en soient connus, car on remarque tout autour de cette chapelle une foule de jeunes dévots de fraîche date, tous fort élégamment mis, et dont quelques-uns sont fort beaux garçons.

Cortège d'une héritière.

142. — Passant un jour de la rue de la Paix à la place Vendôme, je fus arrêté par le cortège de la plus riche héritière de Paris, pour lors à marier, et revenant du bois de Boulogne.

Il était composé comme il suit :

1º La belle, objet de tous les vœux, montée sur un très beau cheval bai, qu'elle maniait avec adresse : amazone bleu à longue queue, chapeau noir à plumes blanches ;

2º Son tuteur, marchant à côté d'elle, avec la physionomie grave et le maintien important attaché à ses fonctions ;

3º Groupe de douze ou quinze poursuivans, cherchant tous à se faire distinguer, qui par son empressement, qui par son adresse hippiatrique, qui par sa mélancolie ;

4º Un *en-cas* magnifiquement attelé, pour servir en cas de pluie ou de fatigue : cocher corpulent, jockey pas plus gros que le poing ;

5º Domestiques à cheval, de toutes les livrées, en grand nombre et pêle-mêle.

Ils passèrent..., et je continuai de méditer.

Méditation XXX.

MÉDITATION XXX

BOUQUET

MYTHOLOGIE GASTRONOMIQUE.

145. — Gastéréa est la dixième des muses; elle préside aux jouissances du goût.

Elle pourrait prétendre à l'empire de l'univers, car l'univers n'est rien sans la vie, et tout ce qui vit se nourrit.

Elle se plaît particulièrement sur les coteaux où la vigne fleurit, sur ceux que l'oranger parfume, dans les bosquets où la truffe s'élabore, dans les pays abondans en gibier et en fruits.

Quand elle daigne se montrer, elle apparaît sous la figure d'une jeune fille : sa ceinture est couleur de feu ; ses cheveux sont noirs, ses yeux bleu d'azur et ses formes pleines de grâces. Belle comme Vénus, elle est surtout souverainement jolie.

Elle se montre rarement aux mortels, mais sa statue les console de son invisibilité. Un seul sculpteur a été admis à contempler tant de charmes, et tel a été le succès de cet artiste aimé des dieux que quiconque voit son ouvrage croit y reconnaître les traits de la femme qu'il a le plus aimée.

De tous les lieux où Gastéréa a des autels, celui qu'elle préfère est cette ville, reine du monde, qui emprisonne la Seine entre les marbres de ses palais.

Son temple est bâti sur cette montagne célèbre à laquelle Mars a donné son nom ; il est posé sur un socle immense de marbre blanc, sur lequel on monte de tous côtés par cent marches.

C'est dans ce bloc révéré que sont percés ces souterrains mystérieux, où l'art interroge la nature et la soumet à ses lois.

C'est là que l'air, l'eau, le fer et le feu, mis en action par des mains habiles, divisent, réunissent, triturent, amalgament et produisent des effets dont le vulgaire ne connaît pas la cause.

C'est de là enfin que s'échappent, à des époques déterminées, ces recettes merveilleuses dont les auteurs aiment à rester inconnus, parce que leur bonheur est dans leur conscience, et que leur récompense consiste à savoir qu'ils ont reculé les bornes de la science et procuré aux hommes des jouissances nouvelles.

Le temple, monument unique d'architecture simple et majestueuse, est supporté par quatre cents colonnes de jaspe oriental, et éclairé par un dôme qui imite la voûte des cieux.

Nous n'entrerons pas dans le détail des merveilles que cet édifice renferme ; il suffira de dire que les sculptures qui en ornent les frontons, ainsi que les bas-reliefs qui en décorent l'enceinte, sont consacrés à la mémoire des hommes qui ont bien mérité de leurs semblables par des inventions utiles, telles que l'application du feu aux besoins de la vie, l'invention de la charrue et autres pareilles.

Bien loin du dôme, et dans le sanctuaire, on voit la statue de la déesse ; elle a la main gauche appuyée sur un fourneau, et tient de la droite la production la plus chère à ses adorateurs.

Le baldaquin de cristal qui la couvre est soutenu par huit colonnes de même matière, et ces colonnes, continuellement inondées de flamme électrique, répandent dans le lieu saint une clarté qui a quelque chose de divin.

Le culte de la déesse est simple : chaque jour, au lever du soleil, ses prêtres viennent enlever la couronne de fleurs qui orne sa statue, en placent une nouvelle, et chantent en chœur un des hymnes nombreux par lesquels la poésie a célébré les biens dont l'immortelle comble le genre humain.

Ces prêtres sont au nombre de douze, présidés par le plus âgé ; ils sont choisis parmi les plus savans, et les plus beaux, toutes choses égales, obtiennent la préférence. Leur âge est celui de la maturité ; ils sont sujets à la vieillesse, mais jamais à la caducité : l'air qu'ils respirent dans le temple les en défend.

Les fêtes de la déesse égalent le nombre des jours de l'année, car elle ne cesse jamais de verser ses bienfaits ; mais, parmi ces jours, il en est un qui lui est spécialement consacré : c'est le VINGT ET UN SEPTEMBRE, appelé *le grand halel gastronomique.*

En ce jour solennel, la ville reine est, dès le matin, environnée d'un nuage d'encens ; le peuple, couronné de fleurs, parcourt les rues en chantant les louanges de la déesse ; les citoyens s'appellent par les titres de la plus aimable parenté ; tous les cœurs sont émus des plus doux sentimens ; l'atmosphère se charge de sympathie et propage partout l'amour et l'amitié.

Une partie de la journée se passe dans ces

épanchemens, et, à l'heure déterminée par l'usage, la foule se porte vers le temple où doit se célébrer le banquet sacré.

Dans le sanctuaire, aux pieds de la statue, s'élève une table destinée au collège des prêtres. Une autre table de douze cents couverts a été préparée, sous le dôme, pour des convives des deux sexes. Tous les arts ont concouru à l'ornement de ces tables solennelles : rien de si élégant ne parut jamais dans le palais des rois.

Les prêtres arrivent d'un pas grave et d'un air préparé. Ils sont vêtus d'une tunique blanche, de laine de cachemire; une broderie incarnat en orne les bords, et une ceinture de même couleur en ramasse les plis. Leur physionomie annonce la santé et la bienveillance; ils s'asseyent après s'être réciproquement salués.

Déjà des serviteurs, vêtus de fin lin, ont placé les mets devant eux. Ce ne sont point des préparations communes, faites pour apaiser des besoins vulgaires : rien n'est servi, sur cette table auguste, qui n'en ait été jugé digne et qui ne tienne à la sphère transcendante, tant par le choix de la matière que par la profondeur du travail.

Les vénérables consommateurs sont au-dessus de leurs fonctions : leur conversation paisible et substantielle roule sur les merveilles de la création et la puissance de l'art; ils mangent avec lenteur

et savourent avec énergie; le mouvement imprimé
à leur mâchoire a quelque chose de moelleux : on
dirait que chaque coup de dent a un accent particulier, et, s'il leur arrive de promener la langue
sur leurs lèvres vernissées, l'auteur des mets en consommation en acquiert une gloire immortelle.

Les boissons, qui se succèdent par intervalles,
sont dignes de ce banquet; elles sont versées par
douze jeunes filles choisies, pour ce jour seulement, par un comité de peintres et de sculpteurs;
elles sont vêtues à l'athénienne, costume heureux
qui favorise la beauté sans alarmer la pudeur.

Les prêtres de la déesse n'affectent point de dé-
tourner des regards hypocrites tandis que de jolies
mains font couler pour eux les délices des deux
mondes; mais, tout en admirant le plus bel ouvrage
du Créateur, la retenue de la sagesse ne cesse pas
de siéger sur leur front : la manière dont ils re-
mercient, dont ils boivent, exprime ce double sentiment.

Autour de cette table mystérieuse on voit cir-
culer des rois, des princes et d'illustres étrangers,
arrivés exprès de toutes les parties du monde; ils
marchent en silence et observent avec attention;
ils sont venus pour s'instruire dans le grand art de
bien manger, art difficile et que des peuples en-
tiers ignorent encore.

Pendant que ces choses se passent dans le sanctuaire, une hilarité générale et brillante anime les convives placés autour de la table du dôme.

Cette gaieté est due surtout à ce qu'aucun d'entre eux n'est placé à côté de la femme à laquelle il a déjà tout dit. Ainsi l'a voulu la déesse.

A cette table immense ont été appelés, par choix, les savans des deux sexes qui ont enrichi l'art par leurs découvertes, les maîtres de maison qui remplissent avec tant de grâce les devoirs de l'hospitalité française, les savans cosmopolites à qui la société doit des importations utiles ou agréables, et ces hommes miséricordieux qui nourrissent le pauvre des dépouilles opimes de leur superflu.

Le centre en est évidé et laisse un grand espace qui est occupé par une foule de prosecteurs et de distributeurs, qui offrent et voiturent des parties les plus éloignées tout ce que les convives peuvent désirer.

Là se trouve placé avec avantage tout ce que la nature, dans sa prodigalité, a créé pour la nourriture de l'homme. Ces trésors sont centuplés non seulement par leur association, mais encore par les métamorphoses que l'art leur a fait subir. Cet enchanteur a réuni les deux mondes, confondu les règnes et rapproché les distances ; le parfum qui s'élève de ces préparations savantes embaume l'air et le remplit de gaz excitateurs.

Cependant de jeunes garçons, aussi beaux que bien vêtus, parcourent le cercle extérieur et présentent incessamment des coupes remplies de vins délicieux, qui ont tantôt l'éclat du rubis, tantôt la couleur plus modeste de la topaze.

De temps en temps d'habiles musiciens, placés dans les galeries du dôme, font retentir le temple des accens mélodieux d'une harmonie aussi simple que savante.

Alors les têtes s'élèvent, l'attention est entraînée, et pendant ces courts intervalles toutes les conversations sont suspendues; mais elles recommencent bientôt avec plus de charme : il semble que ce nouveau présent des dieux ait donné à l'imagination plus de fraîcheur, et à tous les cœurs plus d'abandon.

Lorsque le plaisir de la table a rempli le temps qui lui est assigné, le collège des prêtres s'avance sur le bord de l'enceinte; ils viennent prendre part au banquet, se mêler avec les convives, et boire avec eux le moka que le législateur de l'Orient permet à ses disciples. La liqueur embaumée fume dans des vases rehaussés d'or, et les belles acolytes du sanctuaire parcourent l'assemblée pour distribuer le sucre qui en adoucit l'amertume. Elles sont charmantes, et cependant telle est l'influence de l'air qu'on respire dans le temple de Gastéréa qu'aucun cœur de femme ne s'ouvre à la jalousie.

Enfin le doyen des prêtres entonne l'hymne de reconnaissance; toutes les voix s'y joignent, les instrumens s'y confondent. Cet hommage des cœurs s'élève vers le ciel, et le service est fini.

Alors seulement commence le banquet populaire, car il n'est point de véritables fêtes quand le peuple ne jouit pas.

Des tables dont l'œil n'aperçoit pas la fin sont dressées dans toutes les rues, sur toutes les places, au devant de tous les palais. On s'assied où on se trouve; le hasard rapproche les rangs, les âges, les quartiers; toutes les mains se rencontrent et se serrent avec cordialité : on ne voit que des visages contens.

Quoique la grande ville ne soit alors qu'un immense réfectoire, la générosité des particuliers assure l'abondance, tandis qu'un gouvernement paternel veille avec sollicitude pour le maintien de l'ordre et pour que les dernières limites de la sobriété ne soient pas outrepassées.

Bientôt une musique vive et animée se fait entendre; elle annonce la danse, cet exercice aimé de la jeunesse.

Des salles immenses, des estrades élastiques, ont été préparées, et les rafraîchissemens de toute espèce ne manqueront pas.

On y court en foule, les uns pour agir, les autres pour encourager et comme simples spectateurs.

On rit en voyant quelques vieillards, animés d'un
feu passager, offrir à la beauté un hommage éphé-
mère ; mais le culte de la déesse et la solennité du
jour excusent tout.

Pendant longtemps ce plaisir se soutient ; l'allé-
gresse est générale, le mouvement universel, et
on entend avec peine la dernière heure annoncer
le repos. Cependant personne ne résiste à cet appel ; tout s'est passé avec décence ; chacun se retire content de sa journée, et se couche plein
d'espoir dans les événemens d'une année qui a
commencé sous d'aussi heureux auspices.

TRANSITION

Si on m'a lu jusqu'ici avec cette attention que j'ai cherché à faire naître et à soutenir, on a dû voir qu'en écrivant j'ai eu un double but que je n'ai jamais perdu de vue : le premier a été de poser les bases théoriques de la gastronomie, afin qu'elle puisse se placer, parmi les sciences, au rang qui lui est incontestablement dû ; le second, de définir avec précision ce qu'on doit entendre par gourmandise, et de séparer pour toujours cette qualité sociale de la gloutonnerie et de l'intempérance, avec lesquelles on l'a si mal à propos confondue.

Cette équivoque a été introduite par des moralistes intolérans, qui, trompés par un zèle outré, ont voulu voir des excès là où il n'y avait qu'une jouissance bien entendue : car les trésors de la création ne sont pas faits pour qu'on les foule aux pieds. Il a été ensuite propagé par des grammairiens insociables, qui définissaient en aveugles et juraient in verba magistri.

Il est temps qu'une pareille erreur finisse, car maintenant tout le monde s'entend : ce qui est si vrai qu'en même temps qu'il n'est personne qui n'avoue une petite teinte de gourmandise et ne s'en fasse gloire, il n'en est aucune qui ne prît à grosse injure l'accusation de gloutonnerie, de voracité ou d'intempérance.

Sur ces deux points cardinaux, il me semble que ce que j'ai écrit jusqu'à présent équivaut à démonstration, et doit suffire pour persuader tous ceux qui ne se refusent pas à la conviction. Je pourrais donc quitter la plume et regarder comme finie la tâche que je me suis imposée; mais, en approfondissant des sujets qui touchent à tout, il m'est revenu dans la mémoire beaucoup de choses qui m'ont paru bonnes à écrire, des anecdotes certainement inédites, des bons mots nés sous mes yeux, quelques recettes de haute distinction et autres hors-d'œuvre pareils.

Semés dans la partie théorique, ils en eussent rompu l'ensemble; réunis, j'espère qu'ils seront lus avec plaisir, parce que, tout en s'amusant, on pourra y trouver quelques vérités expérimentales et des développemens utiles.

Il faut bien aussi, comme je l'ai annoncé, que je

fasse pour moi un peu de cette biographie qui ne donne lieu ni à discussion ni à commentaires. J'ai cherché la récompense de mon travail dans cette partie, où je me retrouve avec mes amis. C'est surtout quand l'existence est prête à nous échapper que le moi nous devient cher, et les amis en font nécessairement partie.

Cependant, en relisant les endroits qui me sont personnels, je ne dissimulerai pas que j'ai eu quelques mouvemens d'inquiétude.

Ce malaise provenait de mes dernières, tout à fait dernières lectures, et des gloses qu'on a faites sur des mémoires qui sont dans les mains de tout le monde.

J'ai craint que quelque malin qui aura mal digéré et mal dormi ne vienne à dire : « Mais voilà un professeur qui ne se dit pas d'injures ! voilà un professeur qui se fait sans cesse des complimens ! voilà un professeur qui...! voilà un professeur que...! »

A quoi je réponds d'avance, en me mettant en garde, que celui qui ne dit de mal de personne a bien le droit de se traiter avec quelque indulgence, et que je ne vois pas par quelle raison je serais exclu de ma propre bienveillance, moi qui ai toujours été étranger aux sentimens haineux.

Après cette réponse, bien fondée en réalité, je crois pouvoir être tranquille, bien abrité dans mon manteau de philosophe ; et ceux qui insisteront, je les déclare mauvais coucheurs. Mauvais coucheurs ! Injure nouvelle, et pour laquelle je veux prendre un brevet d'invention, parce que le premier j'ai découvert qu'elle contient en soi une véritable excommunication.

AL

VARIÉTÉS

Méditation XXXI

I

L'OMELETTE DU CURÉ

Tout le monde sait que Mme R... a occupé pendant vingt ans, sans contradiction, le trône de la beauté à Paris ; on sait aussi qu'elle est extrêmement charitable, et qu'à une certaine époque elle prenait un intérêt dans la plupart des entreprises qui avaient pour but de soulager la misère, quelquefois plus poignante dans la capitale que partout ailleurs [1].

---

1. Ceux-là surtout sont à plaindre dont les besoins sont ignorés, car il faut rendre justice aux Parisiens et dire

Ayant à conférer à ce sujet avec M. le curé
de..., elle se rendit chez lui vers les cinq heures
de l'après-midi, et fut fort étonnée de le trouver
déjà à table.

La chère habitante de la rue du Mont-Blanc
croyait que tout le monde, à Paris, dînait à six
heures, et ne savait pas que les ecclésiastiques
commencent en général de bonne heure, parce
qu'il en est beaucoup qui font le soir une légère
collation.

Mme R... voulait se retirer; mais le curé la
retint, soit parce que l'affaire dont ils avaient à
causer n'était pas de nature à l'empêcher de dîner,
soit parce qu'une jolie femme n'est jamais un trouble-
fête pour qui que ce soit, ou bien enfin parce qu'il
vint à s'apercevoir qu'il ne lui manquait qu'un in-
terlocuteur pour faire de son salon un vrai élysée
gastronomique.

Effectivement, le couvert était mis avec une
propreté remarquable. Un vin vieux étincelait dans
un flacon de cristal; la porcelaine blanche était de
premier choix, les plats tenus chauds par l'eau

---

qu'ils sont charitables et aumôniers. Je faisais, en l'an X,
une petite pension hebdomadaire à une vieille religieuse qui
gisait à un sixième étage, paralysée de la moitié du corps.
Cette brave fille recevait assez de la bienfaisance des voisins pour vivre à peu près confortablement et pour nourrir
une sœur converse qui s'était attachée à son sort.

bouillante, et une bonne à la fois canonique et bien mise était là prête à recevoir les ordres.

Le repas était limitrophe entre la frugalité et la recherche. Un potage au coulis d'écrevisses venait d'être enlevé, et on voyait sur la table une truite saumonée, une omelette et une salade.

« Mon dîner vous apprend ce que vous ne savez peut-être pas, dit le pasteur en souriant : c'est aujourd'hui jour maigre, suivant les lois de l'Église. » Notre amie s'inclina en signe d'assentiment; mais des mémoires particuliers assurent qu'elle rougit un peu, ce qui n'empêcha pas le curé de manger.

L'exécution avait commencé par la truite, dont la partie supérieure était en consommation; la sauce indiquait une main habile, et une satisfaction intérieure paraissait sur le front du pasteur.

Après ce premier plat, il attaqua l'omelette, qui était ronde, ventrue et cuite à point.

Au premier coup de la cuiller, la panse laissa échapper un jus lié qui flattait à la fois la vue et l'odorat; le plat en paraissait plein, et la chère Juliette avouait que l'eau lui en était venue à la bouche.

Ce mouvement sympathique n'échappa pas au curé, accoutumé à surveiller les passions des hommes, et, ayant l'air de répondre à une question que Mme R... s'était bien gardée de faire : « C'est une omelette au thon, dit-il; ma cuisinière les en-

tend à merveille, et peu de gens y goûtent sans
m'en faire compliment. — Je n'en suis pas étonnée, répondit l'habitante de la Chaussée-d'Antin,
et jamais omelette si appétissante ne parut sur nos
tables mondaines. »

La salade survint (j'en recommande l'usage à
tous ceux qui ont confiance en moi : la salade rafraîchit sans affaiblir, et conforte sans irriter ; j'ai
coutume de dire qu'elle rajeunit).

Le dîner n'interrompit pas la conversation. On
causa de l'affaire qui avait occasionné la visite, de
la guerre qui alors faisait rage, des affaires du
temps, des espérances de l'Église, et autres propos
de table qui font passer un mauvais dîner et en
embellissent un bon.

Le dessert vint en son lieu ; il consistait en un
fromage de Semoncel, trois pommes de Calville et
un pot de confitures.

Enfin la bonne approcha une petite table ronde,
telle qu'on en avait autrefois et qu'on nommait
guéridon, sur laquelle elle posa une tasse de moka
bien limpide, bien chaud, et dont l'arome remplit
l'appartement.

Après l'avoir siroté (*siped*), le curé dit ses grâces, et ajouta en se levant : « Je ne prends jamais
de liqueurs fortes : c'est un superflu que j'offre toujours à mes convives, mais dont je ne fais aucun
usage personnel. Je me réserve ainsi un secours

pour l'extrême vieillesse, si Dieu me fait la grâce d'y parvenir. »

Pendant que ces choses se passaient, le temps avait couru. Six heures arrivaient : Mme R... se hâta donc de remonter en voiture, car elle avait ce jour-là à dîner quelques amis, dont je faisais partie. Elle arriva tard, *suivant sa coutume ;* mais enfin elle arriva, encore tout émue de ce qu'elle avait vu et flairé.

Il ne fut question, pendant tout le repas, que du menu du curé, et surtout de son omelette au thon.

Mme R... eut soin de la louer sous les divers rapports de la taille, de la rondeur, de la tournure, et, toutes ces données étant certaines, il fut unanimement conclu qu'elle devait être excellente : c'était une véritable équation sensuelle que chacun fit à sa manière.

Le sujet de conversation épuisé, on passa à d'autres, et on n'y pensa plus. Quant à moi, propagateur de vérités utiles, je crus devoir tirer de l'obscurité une préparation que je crois aussi saine qu'agréable. Je chargeai mon maître queux de s'en procurer la recette avec les détails les plus minutieux, et je la donne d'autant plus volontiers aux amateurs que je ne l'ai trouvée dans aucun dispensaire.

Préparation de l'omelette au thon.

Prenez, pour six personnes, deux laitances de carpes bien lavées, que vous ferez blanchir en les plongeant pendant cinq minutes dans l'eau déjà bouillante et légèrement salée.

Ayez pareillement gros comme un œuf de poule de thon nouveau, auquel vous joindrez une petite échalote déjà coupée en atomes.

Hachez ensemble les laitances et le thon, de manière à les bien mêler, et jetez le tout dans une casserole avec un morceau suffisant de très bon beurre, pour l'y sauter jusqu'à ce que le beurre soit fondu. C'est là ce qui constitue la spécialité de l'omelette.

Prenez encore un second morceau de beurre à discrétion ; mariez-le avec du persil et de la ciboulette ; mettez-le dans un plat pisciforme destiné à recevoir l'omelette ; arrosez-le d'un jus de citron et posez-le sur la cendre chaude.

Battez ensuite douze œufs (les plus frais sont les meilleurs) ; le sauté de laitance et de thon y sera versé et agité de manière que le mélange soit bien fait.

Confectionnez ensuite l'omelette à la manière ordinaire, et tâchez qu'elle soit allongée, épaisse et mollette ; étalez-la avec adresse sur le plat que vous avez préparé pour la recevoir, et servez pour être mangé de suite.

Ce mets doit être réservé pour les déjeuners fins, pour les réunions d'amateurs, où l'on sait ce qu'on fait et où l'on mange posément. Qu'on l'arrose surtout de bon vin vieux, et on verra merveilles.

Notes théoriques pour les préparations.

1° On doit sauter les laitances et le thon sans les faire bouillir, afin qu'ils ne durcissent pas, ce qui les empêcherait de se bien mêler avec les œufs.

2° Le plat doit être creux, afin que la sauce se concentre et puisse être servie à la cuiller.

3° Le plat doit être légèrement chauffé, car, s'il était froid, la porcelaine soustrairait tout le calorique de l'omelette, et il ne lui en resterait plus assez pour fondre la maître d'hôtel sur laquelle elle est assise.

II

LES ŒUFS AU JUS

Je voyageais un jour avec deux dames que je conduisais à Melun.

Nous n'étions pas partis très matin, et nous arrivâmes à Montgeron avec un appétit qui menaçait de tout détruire.

Menaces vaines! l'auberge où nous descendîmes, quoique d'assez bonne apparence, était dépourvue de provisions: trois diligences et deux chaises de poste avaient passé, et, semblables aux sauterelles d'Égypte, avaient tout dévoré.

Ainsi disait le chef.

Cependant je voyais tourner une broche chargée d'un gigot tout à fait comme il faut, et sur lequel les dames, par habitude, jetaient des regards très coquets.

Hélas! elles s'adressaient mal : le gigot appartenait à trois Anglais qui l'avaient apporté, et l'attendaient sans impatience en buvant du champagne (*prating over a bottle of champain*).

« Mais, du moins, dis-je d'un air moitié chagrin et moitié suppliant, ne pourriez-vous pas nous brouiller ces œufs dans le jus de ce gigot? Avec ces œufs et une tasse de café à la crème, nous nous résignerons. — Oh ! très volontiers, répondit le chef ; le jus nous appartient de droit public, et je vais de suite faire votre affaire. » Sur quoi il se mit à casser les œufs avec précaution.

Quand je le vis occupé, je m'approchai du feu, et, tirant de ma poche un couteau de voyage, je fis au gigot défendu une douzaine de profondes blessures, par lesquelles le jus dut s'écouler jusqu'à la dernière goutte.

A cette première opération je joignis l'attention d'assister à la concoction des œufs, de peur qu'il ne fût fait quelque distraction à notre préjudice. Quand ils furent à point, je m'en emparai et les portai à l'appartement qu'on nous avait préparé.

Là, nous nous en régalâmes et rîmes comme des fous de ce qu'en réalité nous avalions la substance du gigot, en ne laissant à nos amis les Anglais que la peine de mâcher le résidu.

———————

III

VICTOIRE NATIONALE

Pendant mon séjour à New-York, j'allais quelquefois passer la soirée dans une espèce de café-taverne tenu par un sieur Little, chez qui on trouvait, le matin, de la soupe à la tortue, et, le soir, tous les rafraîchissemens d'usage aux États-Unis.

J'y conduisais le plus souvent le vicomte de la Massue et Jean-Rodolphe Fehr, ancien courtier de commerce à Marseille, l'un et l'autre émigrés comme moi ; je les régalais d'un *welch rabbet* [1] que nous arrosions d'ale ou de cidre, et la soirée se passait tout doucement à parler de nos malheurs, de nos plaisirs et de nos espérances.

Là, je fis connaissance avec M. Wilkinson, planteur à la Jamaïque, et avec un homme qui était sans doute un de ses amis, car il ne le quittait jamais.

---

1. Les Anglais appellent épigrammatiquement *welch rabbet* (lapin gallois) un morceau de fromage grillé sur une tranche de pain. Certes, cette préparation n'est pas si substantielle qu'un lapin ; mais elle invite à boire, fait trouver le vin bon, et tient fort bien sa place au dessert en petit comité.

Ce dernier, dont je n'ai jamais su le nom, était un des hommes les plus extraordinaires que j'aie rencontré. Il avait le visage carré, les yeux vifs, et paraissait tout examiner avec attention; mais il ne parlait jamais, et ses traits étaient immobiles comme ceux d'un aveugle.

Seulement, quand il entendait une saillie ou un trait comique, son visage s'épanouissait, ses yeux se fermaient, et, ouvrant une bouche aussi large que le pavillon d'un cor, il en faisait sortir un son prolongé qui tenait à la fois du rire et du hennissement, appelé en anglais *horse laugh;* après quoi tout rentrait dans l'ordre, et il retombait dans sa taciturnité habituelle : c'était l'effet et la durée de l'éclair qui déchire la nue. Quant à M. Wilkinson, qui paraissait âgé d'environ cinquante ans, il avait les manières et tout l'extérieur d'un homme comme il faut (*of a gentleman*).

Ces deux Anglais paraissaient faire cas de notre société, et avaient déjà partagé plusieurs fois, de fort bonne grâce, la collation frugale que j'offrais à mes amis, lorsqu'un soir M. Wilkinson me prit à part et me déclara l'intention où il était de nous engager tous trois à dîner.

Je remerciai, et, me croyant suffisamment fondé de pouvoir dans une affaire où j'étais évidemment la partie principale, j'acceptai pour tous, et l'invitation resta fixée au surlendemain, à trois heures.

La soirée se passa comme à l'ordinaire ; mais, au moment où je me retirais, le garçon de salle (*waiter*) me prit à part et m'apprit que les Jamaïquains avaient commandé un bon repas, qu'ils avaient donné des ordres pour que les liquides fussent soignés, parce qu'ils regardaient leur invitation comme un défi à qui boirait le mieux, et que l'homme à la grande bouche avait dit qu'il espérait bien qu'à lui seul il mettrait les trois Français sous la table.

Cette nouvelle m'aurait fait rejeter le banquet offert, si je l'avais pu avec honneur, car j'ai toujours fui de pareilles orgies ; mais la chose était impossible : les Anglais auraient été crier partout que nous n'avions pas osé nous présenter au combat, que leur présence seule avait suffi pour nous faire reculer ; et, quoique bien instruits du danger, nous suivîmes la maxime du maréchal de Saxe : le vin était tiré, nous nous préparâmes à le boire.

Je n'étais pas sans quelques soucis ; mais, en vérité, ces soucis ne m'avaient pas pour objet.

Je regardais comme certain qu'étant à la fois plus jeune, plus grand et plus vigoureux que nos amphitryons, ma constitution, vierge d'excès bachiques, triompherait facilement de deux Anglais probablement usés par l'excès des liqueurs spiritueuses.

Sans doute, resté seul au milieu des quatre autres renversés, on m'aurait bien proclamé vain-
queur ; mais cette victoire, qui m'aurait été personnelle, aurait été singulièrement affaiblie par la
chute de mes deux compatriotes, qu'on aurait
emportés avec les vaincus dans l'état hideux qui
suit une pareille défaite. Je désirais leur éviter cet
affront ; en un mot, je voulais le triomphe de la
nation, et non celui de l'individu.

En conséquence, je rassemblai chez moi Fehr et
la Massue, et leur fis une allocution sévère et for-
melle pour leur annoncer mes' craintes ; je leur
recommandai de boire à petits coups autant que
possible, d'en esquiver quelques-uns pendant que
j'attirerais l'attention de mes antagonistes, et surtout de manger doucement et de conserver un
peu d'appétit pendant toute la séance, parce que
les alimens mêlés aux boissons en tempèrent l'ardeur et les empêchent de se porter au cerveau
avec tant de violence ; enfin nous partageâmes
une assiette d'amandes amères, dont j'avais entendu vanter la propriété pour modérer les fumées
du vin.

Ainsi armés au physique et au moral, nous nous
rendîmes chez Little, où nous trouvâmes les Jamaïquains, et bientôt après le dîner fut servi.

Il consistait en une énorme pièce de rosbif,
un dindon cuit dans son jus, des racines bouillies,

une salade de choux crus et une tarte aux confitures.

On but à la française, c'est-à-dire que le vin fut servi dès le commencement : c'était du fort bon clairet, qui était alors à bien meilleur marché qu'en France, parce qu'il en était arrivé successivement plusieurs cargaisons, dont les dernières s'étaient très mal vendues.

M. Wilkinson faisait ses honneurs à merveille, nous invitant à manger et nous donnant l'exemple; son ami paraissait abîmé dans son assiette, ne disait mot, regardait de côté et riait du coin des lèvres.

Pour moi, j'étais charmé de mes deux acolytes. La Massue, quoique doué d'un assez vaste appétit, ménageait ses morceaux comme une petite maîtresse, et Fehr escamotait de temps en temps quelques verres de vin, qu'il faisait passer avec adresse dans un pot à bière qui était au bout de la table. De mon côté, je tenais rondement tête aux deux Anglais, et plus le repas avançait, plus je me sentais plein de confiance.

Après le clairet vint le porto; après le porto, le madère, auquel nous nous tînmes longtemps.

Le dessert était arrivé, composé de beurre, de fromage, de noix de coco et d'ycory. Ce fut alors le moment des toasts, et nous bûmes amplement au pouvoir des rois, à la liberté des peuples et à la

beauté des dames; nous portâmes, avec M. Wilkinson, la santé de sa fille Mariah, qu'il nous assura
être la plus belle personne de toute l'île de la Jamaïque.

Après le vin arrivèrent les *spirits*, c'est-à-dire le
rhum et les eaux-de-vie de vin, de grains et de
framboises; avec les *spirits*, les chansons, et je vis
qu'il allait faire chaud.

Je craignais les spirits; je les éludai en deman-
dant du punch, et Little lui-même nous en apporta
un bol, sans doute préparé d'avance, qui aurait
suffi pour quarante personnes. Nous n'avons point
en France de vases de cette dimension.

Cette vue me rendit le courage; je mangeai cinq
à six rôties d'un beurre extrêmement frais, et je
sentis renaître mes forces.

Alors je jetai un coup d'œil scrutateur sur tout
ce qui m'environnait, car je commençais à être inquiet sur la manière dont tout cela finirait. Mes
deux amis me parurent assez frais; ils buvaient en
épluchant des noix d'ycory. M. Wilkinson avait la
face rouge cramoisi; ses yeux étaient troubles; il
paraissait affaissé. Son ami gardait le silence, mais
sa tête fumait comme une chaudière bouillante, et
sa bouche immense s'était formée en cul de poule.
Je vis bien que la catastrophe approchait.

Effectivement, M. Wilkinson, s'étant réveillé
comme en sursaut, se leva et entonna d'une voix

assez forte l'air national *Rule Britannia;* mais il ne put jamais aller plus loin : ses forces le trahirent, il se laissa retomber sur sa chaise, et de là coula sous la table. Son ami, le voyant en cet état, laissa échapper un de ses plus bruyans ricanemens, et, s'étant baissé pour l'aider, tomba à côté de lui.

Il est impossible d'exprimer la satisfaction que me causa ce brusque dénouement et le poids dont il me débarrassa. Je me hâtai de sonner. Little monta, et, après lui avoir adressé la phrase officielle : « Voyez à ce que ces gentlemen soient convenablement soignés », nous bûmes avec lui un dernier verre de punch à leur santé.

Bientôt le waiter arriva, aidé de ses sous-ordres, et ils s'emparèrent des vaincus, qu'ils transportèrent chez eux, les pieds les premiers, suivant la règle *the feet foremost*[1], l'ami gardant une immobilité absolue, et M. Wilkinson essayant toujours de chanter l'air favori *Rule Britannia.*

Le lendemain, les journaux de New-York, qui furent ensuite successivement copiés par tous ceux de l'Union, racontèrent avec assez d'exactitude ce qui s'était passé, et, ayant ajouté que les deux Anglais avaient été malades des suites de cette aventure, j'allai les voir. Je trouvai l'ami tout stupéfié

---

1. On se sert, en anglais, de cette expression pour désigner ceux qu'on emporte morts ou morts ivres.

par les suites d'une forte indigestion, et M. Wilkinson retenu sur sa chaise par un accès de goutte, que notre lutte bachique avait probablement réveillée. Il parut sensible à cette attention, et me dit entre autres choses : « Oh ! dear sir, you are very good company indeed, but too hard drinker for us[1]. »

---

1. Mon cher monsieur, vous êtes, en vérité, de très bonne compagnie; mais vous êtes trop fort buveur pour nous.

IV

LES ABLUTIONS

J'ai écrit que le vomitoire des Romains répugnait à la délicatesse de nos mœurs ; j'ai peur d'avoir en cela commis une imprudence et d'être obligé de chanter la palinodie.

Je m'explique.

Il y a à peu près quarante ans que quelques personnes de la haute société, presque toujours des dames, avaient coutume de se rincer la bouche après le repas.

A cet effet, au moment où elles quittaient la table, elles tournaient le dos à la compagnie ; un laquais leur présentait un verre d'eau ; elles en prenaient une gorgée, qu'elles rejetaient bien vite dans la soucoupe ; le valet emportait le tout, et l'opération était à peu près inaperçue par la manière dont elle se faisait.

Nous avons changé tout cela.

Dans la maison où l'on se pique des plus beaux usages, des domestiques, vers la fin du dessert, distribuent aux convives des bols pleins d'eau froide, au milieu desquels se trouve un gobelet d'eau chaude. Là, en présence les uns des autres, on plonge les doigts dans l'eau froide, pour avoir l'air de les laver, et on avale l'eau chaude, dont on se gargarise avec bruit, et qu'on vomit dans le gobelet ou dans le bol.

Je ne suis pas le seul qui se soit élevé contre cette innovation également inutile, indécente et dégoûtante.

Inutile, car, chez tous ceux qui savent manger, la bouche est propre à la fin du repas; elle s'est nettoyée, soit par le fruit, soit par les derniers verres qu'on a coutume de boire au dessert. Quant aux mains, on ne doit pas s'en servir de manière à les salir, et, d'ailleurs, chacun n'a-t-il pas une serviette pour les essuyer?

Indécente, car il est de principe généralement reconnu que toute ablution doit se cacher dans le secret de la toilette.

Innovation *dégoûtante* surtout, car la bouche la plus jolie et la plus fraîche perd tous ses charmes quand elle usurpe les fonctions des organes évacuateurs. Que sera-ce donc si cette bouche n'est ni jolie ni fraîche? Mais que dire de ces échancrures énormes qui s'évident pour montrer des abîmes qu'on croirait sans fond si on n'y découvrait des pics informes que le temps a corrodés? *Proh pudor!*

Telle est la position ridicule où nous a placés une affectation de propreté prétentieuse, qui n'est ni dans nos goûts ni dans nos mœurs.

Quand on a une fois passé certaines limites, on ne sait plus où l'on s'arrêtera, et je ne puis dire quelles purifications on ne nous imposera pas.

Depuis l'apparition officielle de ces bols inno-vés, je me désole jour et nuit. Nouveau Jérémie, je déplore les aberrations de la mode, et, trop instruit par mes voyages, je n'entre plus dans un salon sans trembler d'y rencontrer l'abominable *chamber-pot*[1].

---

1. On sait qu'il existe ou qu'il existait, il y a peu d'an-nées, en Angleterre, des salles à manger où l'on pouvait faire son petit tour sans sortir de l'appartement : facilité étrange, mais qui avait un peu moins d'inconvéniens dans un pays où les dames se retirent aussitôt que les hommes commencent à boire du vin.

V

MYSTIFICATION DU PROFESSEUR

ET DÉFAITE DU GÉNÉRAL

Il y a quelques années que les journaux nous annoncèrent la découverte d'un nouveau parfum : celui de l'*hemerocallis*, plante bulbeuse qui a effectivement une odeur fort agréable, ressemblant assez à celle du jasmin.

Je suis fort curieux et passablement musard, et ces deux causes combinées me poussèrent jusqu'au faubourg Saint-Germain, où je devais trouver le parfum, charme des narines, comme disent les Turcs.

Là, je reçus l'accueil dû à tout amateur, et on tira pour moi du tabernacle d'une pharmacie très bien garnie une petite boîte bien enveloppée, et paraissant contenir deux onces de la précieuse cristallisation : politesse que je reconnus par le délaissement de trois francs, suivant les règles de compensation dont M. Azaïs agrandit chaque jour la sphère et les principes.

Un étourdi aurait sur-le-champ déployé, ouvert, flairé et dégusté. Un professeur agit différemment : je pensai qu'en pareil cas le retirement était indiqué. Je me rendis donc chez moi au pas officiel, et bientôt, calé dans mon sofa, je me préparai à éprouver une sensation nouvelle.

Je tirai de ma poche la boîte odorante, et la débarrassai des langes dans lesquels elle était encore enveloppée : c'étaient trois imprimés différens, tous relatifs à l'hemerocallis, à son histoire naturelle, à sa culture, à sa fleur et aux jouissances distinguées qu'on pouvait tirer de son parfum, soit qu'il fût concentré dans des pastilles, soit qu'il fût mêlé à des préparations d'office, soit enfin qu'il parût sur nos tables, dissous dans des liqueurs alcooliques ou mêlé à des crèmes glacées. Je lus attentivement les trois imprimés accessoires : 1° pour m'indemniser d'autant de la compensation dont j'ai parlé plus haut ; 2° pour me préparer convenablement à l'appréciation du nouveau trésor extrait du règne végétal.

J'ouvris donc, avec due révérence, la boîte que je supposais pleine de pastilles. Mais, ô surprise ! ô douleur ! j'y trouvai, en premier ordre, un second exemplaire des trois imprimés que je venais de dévorer, et, seulement comme accessoires, environ deux douzaines de ces trochisques dont la conquête m'avait fait faire le voyage du noble faubourg.

Avant tout, je dégustai, et je dois rendre hommage à la vérité en disant que je trouvai ces pastilles fort agréables; mais je n'en regrettai que plus fort que, contre l'apparence extérieure, elles fussent en si petit nombre; et, véritablement, plus j'y pensais, plus je me croyais mystifié.

Je me levai.donc avec l'intention de reporter la boîte à son auteur, dût-il en retenir le prix ; mais, à ce mouvement, une glace me montra mes cheveux gris : je me moquai de ma vivacité et me rassis, rancune tenante. On voit qu'elle a duré longtemps.

D'ailleurs, une considération particulière me retint : il s'agissait d'un pharmacien, et il n'y avait pas quatre jours que j'avais été témoin de l'extrême imperturbabilité des membres de ce collège respectable.

C'est encore une anecdote qu'il faut que mes lecteurs connaissent. Je suis aujourd'hui (17 juin 1825) en train de conter. Dieu veuille que ce ne soit pas une calamité publique !

Or donc, j'allai un matin faire visite au général Bouvier des Éclats, mon ami et mon compatriote.

Je le trouvai parcourant son appartement d'un air agité, et froissant dans ses mains un écrit que je pris pour une pièce de vers.

« Prenez, dit-il en me le présentant, et dites-moi votre avis : vous vous y connaissez. »

Je reçus le papier, et, l'ayant parcouru, je fus fort étonné de voir que c'était une note de médicamens fournis : de sorte que ce n'était point en ma qualité de poète que j'étais requis, mais comme pharmaconome.

« Ma foi, mon ami, lui dis-je en lui rendant sa propriété, vous connaissez l'habitude de la corporation que vous avez mise en œuvre : les limites ont bien été peut-être un peu outrepassées ; mais pourquoi avez-vous un habit brodé, trois ordres, un chapeau à graines d'épinards ? Voilà trois circonstances aggravantes, et vous vous en tirerez mal. — Taisez-vous donc ! me dit-il avec humeur ; cet état est épouvantable. Au reste, vous allez voir mon écorcheur ; je l'ai fait appeler, il va venir, et vous me soutiendrez. »

Il parlait encore quand la porte s'ouvrit, et nous vîmes entrer un homme d'environ cinquante-cinq ans, vêtu avec soin. Il avait la taille haute, la démarche grave, et toute sa physionomie aurait eu une teinte uniforme de sévérité si le rapport de sa bouche à ses yeux n'y avait pas introduit quelque chose de sardonique.

Il s'approcha de la cheminée, refusa de s'asseoir, et je fus témoin auditeur du dialogue suivant, que j'ai fidèlement retenu :

LE GÉNÉRAL.

Monsieur, la note que vous m'avez envoyée est un véritable compte d'apothicaire, et...

L'HOMME NOIR.

Monsieur, je ne suis point apothicaire.

LE GÉNÉRAL.

Et qu'êtes-vous donc, Monsieur?

L'HOMME NOIR.

Monsieur, je suis pharmacien.

LE GÉNÉRAL.

Eh bien! monsieur le pharmacien, votre garçon
a dû vous dire...

L'HOMME NOIR.

Monsieur, je n'ai point de garçons.

LE GÉNÉRAL.

Qu'était donc ce jeune homme?

L'HOMME NOIR.

Monsieur, c'est un élève.

LE GÉNÉRAL.

Je voulais donc vous dire, Monsieur, que vos
drogues...

L'HOMME NOIR.

Monsieur, je ne vends point de drogues.

LE GÉNÉRAL.

Que vendez-vous donc, Monsieur?

L'HOMME NOIR.

Monsieur, je vends des médicamens.

Là finit la discussion. Le général, honteux d'avoir fait tant de solécismes et d'être si peu avancé dans la connaissance de la langue pharmaceutique, se troubla, oublia ce qu'il avait à dire et paya tout ce qu'on voulut.

VI

LE PLAT D'ANGUILLE

Il existait à Paris, rue de la Chaussée-d'Antin, un particulier nommé Briguet, qui, ayant d'abord été cocher, puis marchand de chevaux, avait fini par faire une petite fortune.

Il était né à Talissieu, et, ayant résolu de s'y retirer, il épousa une rentière qui avait autrefois été cuisinière chez Mlle Thévenin, que tout Paris a connue par son surnom d'*as de pique*.

L'occasion se présenta d'acquérir un petit domaine dans son village natal; il en profita, et vint s'y établir avec sa femme vers la fin de 1791.

Dans ce temps-là, les curés de chaque arrondissement archipresbytéral avaient coutume de se réunir une fois par mois chez chacun d'entre eux tour à tour pour conférer sur les matières ecclésiastiques. On célébrait une grand'messe, on conférait, et ensuite on dînait.

Le tout s'appelait *la conférence*, et le curé chez qui elle devait avoir lieu ne manquait pas de se préparer à l'avance pour bien et dignement recevoir ses confrères.

Or, quand ce fut le tour du curé de Talissieu, il

arriva qu'un de ses paroissiens lui fit cadeau d'une magnifique anguille prise dans les eaux limpides de Serans, et de plus de trois pieds de longueur.

Ravi de posséder un poisson de pareille souche, le pasteur craignit que sa cuisinière ne fût pas en état d'apprêter un mets de si haute espérance : il vint donc trouver Mme Briguet, et, rendant hommage à ses connaissances supérieures, il la pria d'imprimer son cachet à un plat digne d'un archevêque et qui ferait le plus grand honneur à son dîner.

L'ouaille docile y consentit sans difficulté, et avec d'autant plus de plaisir, disait-elle, qu'il lui restait encore une petite caisse de divers assaisonnemens rares dont elle faisait usage chez son ancienne maîtresse.

Le plat d'anguille fut confectionné avec soin et servi avec distinction. Non seulement il avait une tournure élégante, mais encore un fumet enchanteur, et, quand on l'eut goûté, les expressions manquaient pour en faire l'éloge : aussi disparut-il, corps et sauce, jusques à la dernière particule.

Mais il arriva qu'au dessert les vénérables se sentirent émus d'une manière inaccoutumée, et que, par suite de l'influence nécessaire du physique sur le moral, les propos tournèrent à la gaillardise.

Les uns faisaient de bons contes de leurs aventures du séminaire; d'autres raillaient leurs voisins sur quelques *on dit* de chronique scandaleuse ; bref, la conversation s'établit et se maintint sur le plus mignon des péchés capitaux, et, ce qu'il y eut de très remarquable, c'est qu'ils ne se doutèrent même pas du scandale, tant le diable était malin.

Ils se séparèrent tard, et mes mémoires secrets ne vont pas plus loin pour ce jour-là ; mais, à la conférence suivante, quand les convives se revirent, ils étaient honteux de ce qu'ils avaient dit, se demandaient excuse de ce qu'ils s'étaient reproché, et finirent par attribuer le tout à l'influence du plat d'anguille : de sorte que, tout en avouant qu'il était délicieux, cependant ils convinrent qu'il ne serait pas prudent de mettre le savoir de Mᵐᵉ Briguet à une seconde épreuve.

J'ai cherché vainement à m'assurer de la nature du condiment qui avait produit de si merveilleux effets, d'autant qu'on ne s'était pas plaint qu'il fût d'une nature dangereuse ou corrosive.

L'artiste avouait bien un coulis d'écrevisses fortement pimenté ; mais je regarde comme certain qu'elle ne disait pas tout.

VII

L'ASPERGE

On vint dire un jour à Mgr Courtois de Quincey, évêque de Belley, qu'une asperge d'une grosseur merveilleuse pointait dans un des carrés de son jardin potager.

A l'instant, toute la société se transporta sur les lieux pour vérifier le fait, car, dans les palais épiscopaux aussi, on est charmé d'avoir quelque chose à faire.

La nouvelle ne se trouva ni fausse ni exagérée : la plante avait percé la terre et paraissait déjà au-dessus du sol ; la tête en était arrondie, vernissée, diaprée, et promettait une colonne plus que de pleine main.

On se récria sur ce phénomène d'horticulture ; on convint qu'à monseigneur seul appartenait le droit de la séparer de sa racine, et le coutelier voisin fut chargé de faire immédiatement un couteau approprié à cette haute fonction.

Pendant les jours suivans, l'asperge ne fit que croître en grâce et en beauté. Sa marche était lente, mais continue, et bientôt on commença à apercevoir la partie blanche où finit la propriété esculente de ce légume.

Le temps de la moisson ainsi indiqué, on s'y prépara par un bon dîner, et on ajourna l'opération au retour de la promenade.

Alors monseigneur s'avança, armé du couteau officiel, se baissa avec gravité et s'occupa à séparer de sa tige le végétal orgueilleux, tandis que toute la cour épiscopale marquait quelque impatience d'en examiner les fibres et la contexture.

Mais, ô surprise! ô désappointement! ô douleur! le prélat se releva les mains vides... L'asperge était de bois.

Cette plaisanterie, peut-être un peu forte, était du chanoine Rosset, qui, né à Saint-Claude, tournait à merveille et peignait fort agréablement.

Il avait conditionné de tout point la fausse plante, l'avait enfoncée en cachette, et la soulevait un peu chaque jour pour imiter la croissance naturelle.

Monseigneur ne savait trop de quelle manière il devait prendre cette mystification (car c'en était bien une); mais, voyant déjà l'hilarité se peindre sur la figure des assistans, il sourit, et ce sourire fut suivi de l'explosion générale d'un rire véritablement homérique. On emporta donc le corps du délit, sans s'occuper du délinquant, et, pour cette soirée du moins, la statue asperge fut admise aux honneurs du salon.

VIII

LE PIÈGE

Le chevalier de L... avait eu une assez belle fortune, qui s'était écoulée par les exutoires obligés qui environnent tout homme qui est riche, jeune et beau garçon.

Il en avait rassemblé les débris, et, au moyen d'une petite pension qu'il recevait du gouvernement, il avait à Lyon une existence agréable dans la meilleure société, car l'expérience lui avait donné de l'ordre.

Quoique toujours galant, il s'était cependant retiré de fait du service des dames. Il se plaisait encore à faire leur partie à tous les jeux de commerce, qu'il jouait également bien ; mais il défendait contre elles son argent, avec le sang-froid qui caractérise ceux qui ont renoncé à leurs bontés.

La gourmandise s'était enrichie de la perte de ses autres penchans. On peut dire qu'il en faisait profession, et, comme il était d'ailleurs fort aimable, il recevait tant d'invitations qu'il ne pouvait y suffire.

Lyon est une ville de bonne chère. Sa position y fait abonder avec une égale facilité les vins de

Bordeaux, ceux de l'Ermitage et ceux de Bourgogne; le gibier des coteaux voisins est excellent; on tire des lacs de Genève et du Bourget les meilleurs poissons du monde, et les amateurs se pâment à la vue des poulardes de Bresse, dont cette ville est l'entrepôt.

Le chevalier de L... avait donc sa place marquée aux meilleures tables de la ville; mais celle où il se plaisait spécialement était celle de M. A..., banquier fort riche et amateur distingué. Le chevalier mettait cette préférence sur le compte de la liaison qu'ils avaient contractée en faisant ensemble leurs études. Les malins (car il y en a partout) l'attribuaient à ce que M. A... avait pour cuisinier le meilleur élève de Ramier, traiteur habile qui florissait dans ces temps reculés.

Quoi qu'il en soit, vers la fin de l'hiver de 1780, le chevalier de L... reçut un billet par lequel M. A... l'invitait à souper à dix jours de là (car on soupait alors), et mes mémoires secrets assurent qu'il tressaillit de joie en pensant qu'une citation à si longs jours indiquait une séance solennelle et une festivité de premier ordre.

Il se rendit au jour et à l'heure fixe, et trouva les convives rassemblés au nombre de dix, tous gens amis de la joie et de la bonne chère. Le mot *gastronome* n'avait pas encore été tiré du grec, ou du moins n'était pas usuel comme aujourd'hui.

Bientôt un repas substantiel leur fut servi. On y voyait, entre autres, un énorme aloyau dans son jus, une fricassée de poulets bien garnie, une tranche de veau de la plus belle apparence et une très belle carpe farcie.

Tout cela était beau et bon, mais ne répondait pas, aux yeux du chevalier, à l'espoir qu'il avait conçu d'après une invitation ultra-décadaire.

Une autre singularité le frappait : les convives, tous gens de bon appétit, ou ne mangeaient point, ou ne mangeaient que du bout des lèvres : l'un avait la migraine; l'autre se sentait un frisson; un troisième avait dîné tard; ainsi des autres. Le chevalier s'étonnait du hasard qui avait accumulé sur cette soirée des dispositions aussi anticonviviales, et, se croyant chargé de représenter tous ces invalides, attaquait hardiment, tranchait avec précision, et mettait en action un grand pouvoir d'intussusception.

Le second service ne fut pas assis sur des bases moins solides : un énorme dindon de Crémieu faisait face à un très beau brochet au bleu, le tout flanqué de six entremets obligés (salade non comprise), parmi lesquels se distinguait un ample macaroni au parmesan.

A cette apparition, le chevalier sentit ranimer sa valeur expirante, tandis que les autres avaient l'air de rendre les derniers soupirs. Exalté par le changement de vins, il triomphait de leur impuissance, et toastait leur santé des nombreuses rasades dont il arrosait un tronçon considérable de brochet, qui avait suivi l'entre-cuisse du dindon.

Les entremets furent fêtés à leur tour, et il fournit glorieusement sa carrière, ne se réservant, pour le dessert, qu'un morceau de fromage et un verre de vin de Malaga, car les sucreries n'entraient jamais dans son budget.

On a vu qu'il avait déjà eu deux étonnemens dans la soirée : le premier, de voir une chère par trop solide ; l'autre, de trouver des convives trop mal disposés. Il devait en éprouver un troisième bien autrement motivé.

Effectivement, au lieu de servir le dessert, les domestiques enlevèrent tout ce qui couvrait la table, argenterie et linge, en donnèrent d'autres aux convives, et y posèrent quatre entrées nouvelles, dont le fumet s'éleva jusqu'aux cieux.

C'étaient des ris de veau au coulis d'écrevisses, des laitances aux truffes, un brochet piqué et farci, et des ailes de bartavelles à la purée de champignons.

Semblable à ce vieillard magicien, dont parle l'Arioste, qui, ayant la belle Armide en sa puissance, ne fit, pour la déshonorer, que d'impuissans efforts, le chevalier fut atterré à la vue de tant de bonnes choses qu'il ne pouvait plus fêter, et commença à soupçonner qu'on avait eu de méchantes intentions.

Par un effet contraire, tous les autres convives se sentirent ranimés : l'appétit revint, les migraines disparurent, un écartement ironique semblait agrandir leurs bouches, et ce fut leur tour de boire à la santé du chevalier, dont les pouvoirs étaient finis.

Il faisait cependant bonne contenance, et semblait vouloir faire tête à l'orage ; mais, à la troisième bouchée, la nature se révolta, et son estomac menaça de le trahir. Il fut donc forcé de rester inactif, et, comme on dit en musique, il compta des pauses.

Que ne ressentit-il pas, au troisième changement, quand il vit arriver par douzaines des bécassines, blanches de graisse, dormant sur des rôties officielles ; un faisan, oiseau très rare alors et arrivé des bords de la Seine ; un thon frais et tout ce que la cuisine du temps et le petit four présentaient de plus élégant en entremets !

Il délibéra, et fut sur le point de rester, de continuer et de mourir bravement sur le champ de bataille : ce fut le premier cri de l'honneur bien ou mal entendu. Mais bientôt l'égoïsme vint à son secours, et l'amena à des idées plus modérées.

Il réfléchit qu'en pareil cas la prudence n'est pas lâcheté, qu'une mort par indigestion prête toujours au ridicule, et que l'avenir lui gardait sans doute bien des compensations pour ce désappointement. Il prit donc son parti, et, jetant sa serviette : « Monsieur, dit-il au financier, on n'expose pas ainsi ses amis ; il y a perfidie de votre part, et je ne vous verrai de ma vie. » Il dit et disparut.

Son départ ne fit pas une très grande sensation ; il annonçait le succès d'une conspiration qui avait pour but de le mettre en face d'un bon repas dont il ne pourrait pas profiter, et tout le monde était dans le secret.

Cependant le chevalier bouda plus longtemps qu'on n'aurait cru ; il fallut quelques prévenances pour l'apaiser ; enfin il revint avec les becfigues, et il n'y pensait plus à l'apparition des truffes.

IX

LE TURBOT

La discorde avait tenté un jour de s'introduire dans le sein d'un des ménages les plus unis de la capitale. C'était justement un samedi, jour de sabbat; il s'agissait d'un turbot à cuire : c'était à la campagne, et cette campagne était Villecrène.

Ce poisson, qu'on disait arraché à une destinée bien plus glorieuse, devait être servi le lendemain à une réunion de bonnes gens dont je faisais partie; il était frais, dodu, brillant à satisfaction; mais ses dimensions excédaient tellement tous les vases dont on pouvait disposer qu'on ne savait comment le préparer.

« Eh bien ! on le partagera en deux, disait le mari. — Oserais-tu bien déshonorer ainsi cette pauvre créature? disait la femme. — Il le faut bien, ma chère, puisqu'il n'y a pas moyen de faire autrement. Allons, qu'on apporte le couperet, et bientôt ce sera chose faite. — Attendons encore, mon ami; on y sera toujours à temps. Tu sais bien, d'ailleurs, que le cousin va venir : c'est un professeur, et il trouvera bien le moyen de nous tirer d'affaire. — Un professeur... nous tirer d'affaire !... Bah !...»

Et un rapport fidèle assure que celui qui parlait ainsi ne paraissait pas avoir grande confiance au professeur, et cependant ce professeur c'était moi ! *Schwerwoth!*

La difficulté allait probablement se terminer à la manière d'Alexandre, lorsque j'arrivai au pas de charge, le nez au vent et avec l'appétit qu'on a toujours quand on a voyagé, qu'il est sept heures du soir et que l'odeur d'un bon dîner salue l'odorat et sollicite le goût.

A mon entrée, je tentai vainement de faire les complimens d'usage : on ne me répondit point, parce qu'on ne m'avait pas écouté. Bientôt la question qui absorbait toutes les attentions me fut exposée à peu près en *duo ;* après quoi les deux parties se turent comme de concert, la cousine me regardant avec des yeux qui semblaient dire : « J'espère que nous nous en tirerons », le cousin ayant au contraire l'air moqueur et narquois, comme s'il eût été sûr que je ne m'en tirerais pas, tandis que sa main droite était appuyée sur le redoutable couperet qu'on avait apporté sur sa réquisition.

Ces nuances diverses disparurent pour faire place à l'empreinte d'une vive curiosité lorsque, d'une voix grave et oraculeuse, je prononçai ces paroles solennelles : « Le turbot restera entier jusqu'à sa présentation officielle. »

Déjà j'étais sûr de ne pas me compromettre, parce que j'aurais proposé de le faire cuire au four; mais, ce mode pouvant présenter quelques difficultés, je ne m'expliquai point encore, et me dirigeai en silence vers la cuisine, moi ouvrant la procession, les époux servant d'acolytes, la famille représentant les fidèles, et la cuisinière *in fiochi* fermant la marche.

Les deux premières pièces ne me présentèrent rien de favorable à mes vues; mais, arrivé à la buanderie, une chaudière, quoique petite, bien encastrée dans son fourneau, s'offrit à mes yeux. J'en jugeai de suite l'application, et, me tournant vers ma suite : « Soyez sans inquiétude! m'écriai-je avec cette foi qui transporte les montagnes; le turbot cuira entier; il cuira à la vapeur, il va cuire à l'instant. »

Effectivement, quoiqu'il fût tout à fait temps de dîner, je mis immédiatement tout le monde en œuvre. Pendant que quelques-uns allumaient le fourneau, je taillai dans un panier de cinquante bouteilles une claie de la grandeur précise du poisson géant; sur cette claie je fis mettre un lit de bulbes et herbes de haut goût, sur lequel il fut étendu après avoir été bien lavé, bien séché et convenablement salé. Un second lit du même assaisonnement fut placé sur le dos. On posa la claie, ainsi chargée, sur la chaudière à demi pleine d'eau;

on couvrit le tout d'un petit cuvier autour duquel
on amassa du sable sec pour empêcher la vapeur
de s'échapper trop facilement. Bientôt la chaudière
fut en ébullition; la vapeur ne tarda pas à remplir
toute la capacité du cuvier, qu'on enleva au bout
d'une demi-heure, et la claie fut retirée de dessus
la chaudière avec le turbot cuit à point, bien blanc
et de la plus aimable apparence.

L'opération finie, nous courûmes nous mettre à
table, avec des appétits aiguisés par le retard, par
le travail et par le succès : de sorte que nous em-
ployâmes assez de temps pour arriver à ce moment
heureux, toujours indiqué par Homère, où l'abondance et la variété des mets avaient chassé la faim.

Le lendemain, à dîner, le turbot fut servi aux
honorables consommateurs, et on se récria sur sa
bonne mine. Alors le maître de la maison rap-
porta par lui-même la manière inespérée dont il
avait été cuit, et je fus loué non seulement pour
l'à-propos de l'invention, mais encore pour son
effet : car, après une dégustation attentive, il fut
décidé à l'unanimité que le poisson, apprêté de
cette manière, était incomparablement meilleur que
s'il eût été cuit dans une turbotière.

Cette décision n'étonna personne, puisque,
n'ayant pas passé dans l'eau bouillante, il n'avait
rien perdu de ses principes, et avait au contraire
pompé tout l'arome de l'assaisonnement.

Pendant que mon oreille se saturait à satisfaction des complimens qui m'étaient prodigués, mes yeux en cherchaient encore d'autres plus sincères dans l'autopsie des convives, et j'observai, avec un contentement secret, que le général Labassée était si content qu'il souriait à chaque morceau ; que le curé avait le col tendu et les yeux fixés au plafond en signe d'extase, et que, de deux académiciens aussi spirituels que gourmands qui se trouvaient parmi nous, le premier, M. Auger, avait les yeux brillans et la face radieuse comme un auteur qu'on applaudit, tandis que le deuxième, M. Villemain, avait la tête penchée et le menton à l'ouest comme quelqu'un qui écoute avec attention.

Tout ceci est bon à retenir, parce qu'il est peu de maisons de campagne où l'on ne puisse trouver tout ce qui est nécessaire pour constituer l'appareil dont je me servis dans cette occasion, et qu'on peut y avoir recours toutes les fois qu'il est question de faire cuire quelque objet qui survient inopinément et qui dépasse les dimensions ordinaires.

Cependant mes lecteurs auraient été privés de la connaissance de cette grande aventure, si elle ne m'avait pas paru devoir conduire à des résultats d'une utilité plus générale.

Effectivement, ceux qui connaissent la nature et les effets de la vapeur savent qu'elle égale, en température, le liquide qu'elle abandonne; qu'elle peut même s'élever de quelques degrés par une légère concentration, et qu'elle s'accumule tant qu'elle ne trouve pas d'issue.

Il suit de là que, toutes choses restant les mêmes, en augmentant seulement la capacité du cuvier qui couvrait le tout dans mon expérience, et en y substituant, par exemple, un tonneau vide, on pourrait, au moyen de la vapeur, faire cuire promptement et à peu de frais plusieurs boisseaux de pommes de terre, de racines de toute espèce, enfin tout ce qu'on aurait empilé sur la claie et recouvert du tonneau, soit pour les hommes, soit à l'usage des bestiaux; et tout cela serait cuit avec six fois moins de temps et six fois moins de bois qu'il n'en faudrait pour mettre seulement en ébullition une chaudière de la contenance d'un hectolitre.

Je crois que cet appareil si simple peut être de quelque importance partout où il existe une manutention un peu considérable, soit à la ville, soit à la campagne; et voilà pourquoi je l'ai décrit de manière que tout le monde puisse l'entendre et en profiter.

Je crois encore qu'on n'a point assez tourné au profit de nos usages domestiques la puissance de la vapeur, et j'espère bien que, quelque jour, le *Bulletin de la Société d'encouragement* apprendra aux agriculteurs que je m'en suis ultérieurement occupé.

P. S. Un jour que nous étions assemblés en comité de professeurs, rue de la Paix, n° 14, je racontai l'histoire véritable du turbot à la vapeur. Quand j'eus fini, mon voisin de gauche se tourna vers moi : « N'y étais-je donc pas? me dit-il d'un air de reproche. Et moi donc, n'ai-je donc pas opiné tout aussi bien que les autres? — Certainement, lui répondis-je, vous étiez là, tout près du curé, et, sans reproche, vous en avez bien pris votre part. Ne croyez pas que... »

Le réclamant était M. Lorrain, dégustateur fortement papillé, financier aussi aimable que prudent, qui s'est bien calé dans le port pour juger plus sainement des effets de la tempête, et conséquemment digne, à plus d'un titre, de la nomination en toutes lettres.

X

DIVERS MAGISTÈRES RESTAURANS.

PAR LE PROFESSEUR

Improvisés pour le cas de la Méditation XXV.

·

A.

Prenez six gros oignons, trois racines de carottes, une poignée de persil; hachez le tout et le jetez dans une casserole, où vous le ferez chauffer et roussir au moyen d'un morceau de bon beurre frais.

Quand ce mélange est bien à point, jetez-y six onces de sucre candi, vingt grains d'ambre pilé, avec une croûte de pain grillé et trois bouteilles d'eau que vous ferez bouillir pendant trois quarts d'heure, en y ajoutant de nouvelle eau pour compenser la perte qui se fait par l'ébullition, de manière qu'il y ait toujours trois bouteilles de liquide.

Pendant que ces choses se passent, tuez, plumez et videz un vieux coq, que vous pilerez, chair et os, dans un mortier, avec le pilon de fer; hachez également deux livres de chair de bœuf bien choisie.

Cela fait, on mêle ensemble ces deux chairs,

auxquelles on ajoute suffisante quantité de sel et poivre.

On les met dans une casserole, sur un feu bien vif, de manière à les pénétrer de calorique, et on y jette de temps en temps un peu de beurre frais, afin de pouvoir bien sauter ce mélange sans qu'il s'attache.

Quand on voit qu'il a roussi, c'est-à-dire que l'osmazôme est rissolé, on passe le bouillon qui est dans la première casserole; on en mouille peu à peu la seconde, et, quand tout y est entré, on fait bouillir à grandes vagues pendant trois quarts d'heure, en ayant toujours soin d'ajouter de l'eau chaude pour conserver la même quantité de liquide.

Au bout de ce temps, l'opération est finie, et on a une potion dont l'effet est certain toutes les fois que le malade, quoique épuisé par quelqu'une des causes que nous avons indiquées, a cependant conservé un estomac faisant ses fonctions.

Pour en faire usage, on en donne, le premier jour, une tasse toutes les trois heures, jusqu'à l'heure du sommeil de la nuit; les jours suivans, une forte tasse seulement le matin, et pareille quantité le soir, jusqu'à l'épuisement des trois bouteilles. On tient le malade à un régime diététique léger, mais cependant nourrissant, comme des cuisses de volaille, du poisson, des fruits doux, des confitures. Il n'arrive presque jamais qu'on soit

obligé de recommencer une nouvelle confection.
Vers le quatrième jour, il peut reprendre ses occupations ordinaires, et doit s'efforcer d'être plus
sage à l'avenir, *s'il est possible.*

En supprimant l'ambre et le sucre candi, on peut,
par cette méthode, improviser un potage de haut
goût et digne de figurer à un dîner de connais-
seurs.

On peut remplacer le vieux coq par quatre vieilles
perdrix, et le bœuf par un morceau de gigot de
mouton : la préparation n'en sera ni moins efficace
ni moins agréable.

La méthode de hacher la viande et de la roussir
avant que de la mouiller peut être généralisée pour
tous les cas où l'on est pressé ; elle est fondée sur
ce que les viandes traitées ainsi se chargent de
beaucoup plus de calorique que quand elles sont
dans l'eau. On s'en pourra donc servir toutes les
fois qu'on aura besoin d'un bon potage gras, sans
être obligé de l'attendre cinq ou six heures, ce qui
peut arriver très souvent, surtout à la campagne.
Bien entendu que ceux qui s'en serviront glorifieront
le professeur.

B.

Il est bon que tout le monde sache que, si l'ambre, considéré comme parfum, peut être nuisible
aux profanes qui ont les nerfs délicats, pris inté-

rieurement, il est souverainement tonique et ex-
hilarant. Nos aïeux en faisaient grand usage dans
leur cuisine, et ne s'en protaient pas plus mal.

J'ai su que le maréchal de Richelieu, de glorieuse mémoire, mâchait habituellement des pastilles
ambrées; et pour moi, quand je me trouve dans
quelqu'un de ces jours où le poids de l'âge se fait
sentir, où l'on pense avec peine et où l'on se sent
opprimé par une puissance inconnue, je mêle avec
une forte tasse de chocolat gros comme une fève
d'ambre pilé avec du sucre, et je m'en suis toujours
trouvé à merveille. Au moyen de ce tonique, l'action de la vie devient aisée, la pensée se dégage
avec facilité, et je n'éprouve pas l'insomnie qui
serait la suite infaillible d'une tasse de café à l'eau
prise avec l'intention de produire le même effet.

C.

Le magistère *A* est destiné aux tempéramens robustes, aux gens décidés, et à ceux en général qui
s'épuisent par action.

J'ai été conduit par l'occasion à en composer
un autre beaucoup plus agréable au goût, d'un effet
plus doux, et que je réserve pour les tempéramens
faibles, pour les caractères indécis, pour ceux, en un
mot, qui s'épuisent à peu de frais. Le voici :

Prenez un jarret de veau pesant au moins

deux livres; fendez-le en quatre sur sa longueur, os et chair; faites-le roussir avec quatre oignons coupés en tranches et une poignée de cresson de fontaine, et, quand il s'approche d'être cuit, mouillez-le avec trois bouteilles d'eau que vous ferez bouillir pendant deux heures, avec la précaution de remplacer ce qui s'évapore; et déjà vous avez un bon bouillon de veau. Poivrez et salez modérément.

Faites piler séparément trois vieux pigeons et vingt-cinq écrevisses bien vivantes; réunissez le tout pour faire roussir comme j'ai dit au numéro A, et, quand vous voyez que la chaleur a pénétré le mélange et qu'il commence à gratiner, mouillez avec le bouillon de veau, et poussez le feu pendant une heure. On passe ce bouillon ainsi enrichi, et on peut en prendre matin et soir, ou plutôt le matin seulement, deux heures avant déjeuner. C'est aussi un potage délicieux.

J'ai été conduit à ce dernier magistère par une paire de littérateurs qui, me voyant dans un état assez positif, ont pris confiance en moi, et, comme ils disaient, ont eu recours à mes lumières.

Ils en ont fait usage et n'ont pas eu lieu de s'en repentir. Le poète, qui était simplement élégiaque, est devenu romantique; la dame, qui n'avait fait qu'un roman assez pâle et à catastrophe malheureuse, en a fait un second beaucoup meilleur et

qui finit par un beau et bon mariage. On voit qu'il
y a eu, dans l'un et l'autre cas, exaltation de puissances, et je crois, en conscience, que je puis m'en
glorifier un peu.

XI

LA POULARDE DE BRESSE

Un des premiers jours du mois de janvier de l'année courante 1825, deux jeunes époux, Mme et M. de Versy, avaient assisté à un grand déjeuner d'huîtres, *sellé et bridé*. On sait ce que cela veut dire.

Ces repas sont charmans, soit parce qu'ils sont composés de mets appétissans, soit par la gaieté qui ordinairement y règne; mais ils ont l'inconvénient de déranger toutes les opérations de la journée.

C'est ce qui arriva dans cette occasion. L'heure du dîner étant venue, les époux se mirent à table; mais ce ne fut que pour la forme. Madame mangea un peu de potage; monsieur but un verre d'eau rougie. Quelques amis survinrent, on fit une partie de whist. La soirée se passa, et le même lit reçut les deux époux.

Vers deux heures du matin, M. de Versy se réveilla : il était mal à son aise, il bâillait; il se retournait tellement que sa femme s'en inquiéta et lui demanda s'il était malade. « Non, ma chère; mais il me semble que j'ai faim, et je songeais à cette poularde de Bresse si blanchette, si joliette, qu'on nous a présentée à dîner, et à laquelle cependant nous avons fait si mauvais accueil. — S'il faut te faire ma confession, je t'avouerai, mon ami, que j'ai tout autant d'appétit que toi, et, puisque tu as songé à la poularde, il faut la faire venir et la manger. — Quelle folie! tout dort dans la maison, et demain on se moquera de nous. — Si tout dort, tout se réveillera, et on ne se moquera pas de nous, parce qu'on n'en saura rien. D'ailleurs, qui sait si, d'ici à demain, l'un de nous ne mourra pas de faim? Je ne veux pas en courir la chance. Je vais sonner Justine. »

Aussitôt dit, aussitôt fait, et on éveilla la pauvre soubrette, qui, ayant bien soupé, dormait comme on dort à dix-neuf ans, quand l'amour ne nous tourmente pas [1].

Elle arriva tout en désordre, les yeux bouffis, bâillant, et s'assit en étendant les bras.

Mais ce n'était là qu'une tâche facile; il s'agissait d'avoir la cuisinière, et ce fut une affaire. Celle-ci était cordon bleu, et partant souverainement rechigneuse; elle gronda, hennit, grogna, rugit et renâcla; cependant elle se leva à la fin, et cette circonférence énorme commença à se mouvoir.

Sur ces entrefaites, Mme de Versy avait passé une

---

1. *A pierna tendida* (esp.).

camisole; son mari s'était arrangé tant bien que mal; Justine avait étendu sur le lit une nappe et apporté les accessoires indispensables d'un festin improvisé.

Tout étant ainsi préparé, on vit paraître la poularde, qui fut à l'instant dépecée et avalée sans miséricorde.

Après ce premier exploit, les époux partagèrent une grosse poire de Saint-Germain et mangèrent un peu de confitures d'oranges.

Dans les entr'actes, ils avaient creusé jusqu'au fond une bouteille de vin de Grave, et répété plusieurs fois, avec variations, qu'ils n'avaient jamais fait un plus agréable repas.

Ce repas finit pourtant, car tout finit en ce bas monde. Justine ôta le couvert, fit disparaître les pièces de conviction, regagna son lit, et le rideau conjugal tomba sur les convives.

Le lendemain matin, Mme de Versy courut chez son amie Mme de Franval, et lui raconta tout ce qui s'était passé; et c'est à l'indiscrétion de celle-ci que le public doit la présente confidence.

Elle ne manquait jamais de remarquer qu'en finissant son récit, Mme de Versy avait toussé deux fois et rougi très positivement.

XII

LE FAISAN

Le faisan est une énigme dont le mot n'est révélé qu'aux adeptes; eux seuls peuvent le savourer dans toute sa bonté.

Chaque substance a son apogée d'esculence : quelques-unes y sont déjà parvenues avant leur entier développement, comme les câpres, les asperges, les perdreaux gris, les pigeons à la cuiller, etc.; les autres y parviennent au moment où elles ont toute la perfection d'existence qui leur est destinée, comme les melons, la plupart des fruits, le mouton, le bœuf, le chevreuil, les perdrix rouges; d'autres enfin quand elles commencent à se décomposer, telles que les nèfles, la bécasse et surtout le faisan.

Ce dernier oiseau, quand il est mangé dans les trois jours qui suivent sa mort, n'a rien qui le distingue. Il n'est ni si délicat qu'une poularde, ni si parfumé qu'une caille.

Pris à point, c'est une chair tendre, sublime et de haut goût, car elle tient à la fois de la volaille et de la venaison.

Ce point si désirable est celui où le faisan com-

mence à se décomposer; alors son arome se déve-
loppe et se joint à une huile qui, pour s'exalter,
avait besoin d'un peu de fermentation, comme
l'huile du café, qu'on n'obtient que par la torré-
faction.

Ce moment se manifeste aux sens des profanes
par une légère odeur et par le changement de couleur du ventre de l'oiseau; mais les inspirés le de-
vinent par une sorte d'instinct qui agit en plusieurs occasions, et qui fait, par exemple, qu'un
rôtisseur habile décide au premier coup d'œil
qu'il faut tirer une volaille de la broche ou lui laisser faire encore quelques tours.

Quand le faisan est arrivé là, on le plume, et
non plus tôt, et on le pique avec soin, en choisis-
sant le lard le plus frais et le plus ferme.

Il n'est point indifférent de ne pas plumer le faisan trop tôt : des expériences très bien faites ont
appris que ceux qui sont conservés dans la plume
sont bien plus parfumés que ceux qui sont restés
longtemps nus, soit que le contact de l'air neutra-
lise quelques portions de l'arome, soit qu'une partie
du suc destiné à nourrir les plumes soit résorbé et
serve à relever la chair.

L'oiseau ainsi préparé, il s'agit de l'étoffer, ce
qui se fait de la manière suivante :

Ayez deux bécasses; désossez-les et videz-les
de manière à en faire deux lots : le premier de

la chair, le second des entrailles et des foies.

Vous prenez la chair, et vous en faites une farce en la hachant avec de la moelle de bœuf cuite à la vapeur, un peu de lard râpé, poivre, sel, fines herbes, et la quantité de bonnes truffes suffisante pour remplir la capacité intérieure du faisan.

Vous aurez soin de fixer cette farce de manière à ce qu'elle ne se répande pas au dehors, ce qui est quelquefois assez difficile, quand l'oiseau est un peu avancé. Cependant on y parvient par divers moyens, et entre autres en taillant une croûte de pain qu'on attache avec un ruban de fil, et qui fait l'office d'obturateur.

Préparez une tranche de pain qui dépasse de deux pouces de chaque côté le faisan couché dans le sens de sa longueur; prenez alors les foies, les entrailles de bécasses, et pilez-les avec deux grosses truffes, un anchois, un peu de lard râpé et un morceau convenable de bon beurre frais.

Vous étendez avec égalité cette pâte sur la rôtie, et vous la placez sous le faisan préparé comme dessus, de manière à être arrosée en entier de tout le jus qui en découle pendant qu'il rôtit.

Quand le faisan est cuit, servez-le couché avec grâce sur sa rôtie; environnez-le d'oranges amères, et soyez tranquille sur l'événement.

Ce mets de haute saveur doit être arrosé, par préférence, de vin du cru de la haute Bourgogne.

J'ai dégagé cette vérité d'une suite d'observations qui m'ont coûté plus de travail qu'une table de logarithmes.

Un faisan ainsi préparé serait digne d'être servi à des anges, s'ils voyageaient encore sur la terre, comme du temps de Loth.

Que dis-je! l'expérience a été faite. Un faisan étoffé a été exécuté sous mes yeux par le digne chef Picard, au château de la Grange, chez ma charmante amie Mme de Ville-Plaine, apporté sur la table par le majordome Louis, marchant à pas processionnels. On l'a examiné avec autant de soin qu'un chapeau de Mme Herbault; on l'a savouré avec attention, et, pendant ce docte travail, les yeux de ces dames brillaient comme des étoiles; leurs lèvres étaient vernissées de corail, et leur physionomie tournait à l'extase. (Voyez les *Éprouvettes gastronomiques*.)

J'ai fait plus : j'en ai présenté un pareil à un comité de magistrats de la cour suprême, qui savent qu'il faut quelquefois déposer la toge sénatoriale, et à qui j'ai démontré sans peine que la bonne chère est une compensation naturelle des ennuis du cabinet. Après un examen convenable, le doyen articula d'une voix grave le mot : *Excellent!* Toutes les têtes se baissèrent en signe d'acquiescement, et l'arrêt passa à l'unanimité.

J'avais observé, pendant la délibération, que les

nez de ces vénérables avaient été agités par des mouvemens très prononcés d'olfaction, que leurs fronts augustes étaient épanouis par une sérénité paisible, et que leur bouche véridique avait quelque chose de jubilant qui ressemblait à un demi-sou-rire.

Au reste, ces effets merveilleux sont dans la nature des choses. Traité d'après la recette précédente, le faisan, déjà distingué par lui-même, est imbibé à l'extérieur de la graisse savoureuse du lard qui se carbonise; il s'imprègne à l'intérieur des gaz odorans qui s'échappent de la bécasse et de la truffe. La rôtie, déjà si richement parée, reçoit encore les sucs à triple combinaison qui découlent de l'oiseau qui rôtit.

Ainsi, de toutes les bonnes choses qui se trouvent rassemblées, pas un atome n'échappe à l'appréciation, et, attendu l'excellence de ce mets, je le crois digne des tables les plus augustes.

Parve, nec invideo, sine me, liber, ibis in aulam.

XIII

INDUSTRIE GASTRONOMIQUE

DES ÉMIGRÉS

> Toute Française, à ce que j'imagine,
> Sait, bien ou mal, faire un peu de cuisine.
> (*Belle Arsène*, acte III.)

J'ai exposé dans un chapitre précédent les avantages immenses que la France a tirés de la gourmandise dans les circonstances de 1815.[1] Cette propension si générale n'a pas été moins utile aux émigrés, et ceux d'entre eux qui avaient quelques talens pour l'art alimentaire en ont tiré de précieux secours.

En passant à Boston, j'appris au restaurateur Julien[1] à faire des œufs brouillés au fromage. Ce mets, nouveau pour les Américains, fit tellement fureur qu'il se crut obligé de me remercier en m'envoyant à New-York le derrière d'un de ces jolis petits chevreuils qu'on tire en hiver du Canada, et

---

1. Julien florissait en 1794 : c'était un habile garçon qui avait, disait-il, été cuisinier de l'archevêque de Bordeaux. Il a dû faire une grande fortune, si Dieu lui a prêté vie.

qui fut trouvé exquis par le comité choisi que je
convoquai en cette occasion.

Le capitaine Collet gagna aussi beaucoup d'argent à New-York, en 1794 et 1795, en faisant
pour les habitans de cette ville commerçante des
glaces et des sorbets.

Les femmes surtout ne se lassaient pas d'un plaisir si nouveau pour elles : rien n'était plus amusant
que de voir les petites mines qu'elles faisaient en y
goûtant; elles avaient surtout peine à concevoir
comment cela pouvait se maintenir si froid par une
chaleur de 26 degrés de Réaumur.

En passant à Cologne, j'avais rencontré un gen-
tilhomme breton qui se trouvait très bien de s'être
fait traiteur, et je pourrais multiplier indéfiniment
les exemples; mais j'aime mieux conter, comme
plus singulière, l'histoire d'un Français qui s'enrichit à Londres par son habileté à faire de la sa-
ade.

Il était Limousin, et, si ma mémoire est fidèle,
il s'appelait d'Aubignac ou d'Albignac.

Quoique sa pitance fût fortement restreinte par
le mauvais état de ses finances, il n'en était pas
moins un jour à dîner dans une des plus fameuses
tavernes de Londres. Il était de ceux qui ont pour
système qu'on peut bien dîner avec un seul plat,
pourvu qu'il soit excellent.

Pendant qu'il achevait un succulent rosbif,

cinq à six jeunes gens des premières familles (dandys) se régalaient à une table voisine, et l'un d'eux, s'étant levé, s'approcha et lui dit d'un ton poli : « Monsieur le Français, on dit que votre nation excelle dans l'art de faire la salade. Voudriez-vous nous favoriser et en accommoder une pour nous[1] ?»

D'Albignac y consentit après quelque hésitation, demanda tout ce qu'il crut nécessaire pour faire le chef-d'œuvre attendu, y mit tous ses soins, et eut le bonheur de réussir.

Pendant qu'il étudiait ses doses, il répondait avec franchise aux questions qu'on lui faisait sur sa situation actuelle. Il dit qu'il était émigré, et avoua, non sans rougir un peu, qu'il recevait les secours du gouvernement anglais, circonstance qui autorisa sans doute un des jeunes gens à lui glisser dans la main un billet de cinq livres sterling, qu'il accepta après une molle résistance.

Il avait donné son adresse, et, à quelque temps de là, il ne fut que médiocrement surpris de recevoir une lettre par laquelle on le priait, dans les termes les plus honnêtes, de venir accommoder une salade dans un des plus beaux hôtels de Grosvenor-square.

D'Albignac, commençant à prévoir quelque avan-

---

1. Traduction mot à mot du compliment anglais qui dut être fait en cette occasion.

tage durable, ne balança pas un instant, et arriva ponctuellement, après s'être muni de quelques assaisonnemens nouveaux, qu'il jugea convenables pour donner à son ouvrage un plus haut degré de perfection.

Il avait eu le temps de songer à la besogne qu'il avait à faire : il eut donc le bonheur de réussir encore, et reçut, pour cette fois, une gratification telle qu'il n'eût pas pu la refuser sans se nuire.

Les premiers jeunes gens pour qui il avait opéré avaient, comme on peut le présumer, vanté jusqu'à l'exagération le mérite de la salade qu'il avait assaisonnée pour eux ; la seconde compagnie fit encore plus de bruit, de sorte que la réputation de d'Albignac s'étendit promptement : on le désigna sous la qualification de *fashionable salat-maker*, et, dans ce pays avide de nouveautés, tout ce qu'il y avait de plus élégant dans la capitale des trois royaumes se mourait pour une salade de la façon du gentleman français. *I die for it,* c'est l'expression consacrée.

> Désir de nonne est un feu qui dévore,
> Désir d'Anglaise est bien plus vif encore.

D'Albignac profita, en homme d'esprit, de l'engouement dont il était l'objet. Bientôt il eut un carrick pour se transporter plus vite dans les divers endroits où il était appelé, et un domestique por-

tant dans un nécessaire d'acajou tous les ingrédiens dont il avait enrichi son répertoire, tels que
des vinaigres à différens parfums, des huiles avec
ou sans goût de fruit, du soy, du caviar, des truffes, des anchois, du calchup, du jus de viandes et
même des jaunes d'œufs, qui sont le caractère dis-
tinctif de la mayonnaise.

Plus tard, il fit fabriquer des nécessaires pareils,
qu'il garnit complètement et qu'il vendit par cen-
taines.

Enfin, en suivant avec exactitude et sagesse sa
ligne d'opérations, il vint à bout de réaliser une
fortune de plus de 80,000 fr., qu'il transporta en
France quand les temps furent devenus meilleurs.

Rentré dans sa patrie, il ne s'amusa point à briller sur le pavé de Paris; mais il s'occupa de son
avenir. Il plaça 60,000 fr. dans les fonds publics,
qui pour lors étaient à 50 pour 100, et acheta
pour 20,000 fr. une petite gentilhommière située
en Limousin, où probablement il vit encore content et heureux, puisqu'il sait borner ses désirs.

Ces détails me furent donnés dans le temps par
un de mes amis, qui avait connu d'Albignac à Londres, et qui l'avait tout nouvellement rencontré lors
de son passage à Paris.

———

XIV

AUTRES SOUVENIRS D'ÉMIGRATION

LE TISSERAND.

En 1794, nous étions en Suisse, M. de Rostaing[1] et moi, montrant un visage serein à la fortune contraire, et gardant notre amour à la patrie qui nous persécutait.

Nous vînmes à Mondon, où j'avais des parens, et fûmes reçus par la famille Trollet avec une bienveillance dont j'ai gardé chèrement le souvenir.

Cette famille, une des plus anciennes du pays, est maintenant éteinte, le dernier bailli n'ayant laissé qu'une fille, qui elle-même n'a point eu d'enfant mâle.

On me montra, en cette ville, un jeune officier français qui y exerçait la profession de tisserand; et voici comment il en était venu là.

Ce jeune homme, d'une très bonne famille, tra-

---

1. M. le baron de Rostaing, mon parent et mon ami, aujourd'hui intendant militaire à Lyon. C'est un administrateur de première force; il a dans ses cartons un système de comptabilité militaire tellement clair qu'il faudra bien qu'on y vienne.

versant Mondon pour se rendre à l'armée de Condé,
se trouva à table à côté d'un vieillard porteur d'une
de ces figures à la fois grave et animée, telle que
les peintres la donnent aux compagnons de Guil-
laume Tell.

Au dessert, on causa. L'officier ne dissimula pas
sa position, et reçut diverses marques d'intérêt de
la part de son voisin. Celui-ci se plaignit d'être
obligé de renoncer si jeune à tout ce qu'il devait
aimer, et lui fit remarquer la justesse de la maxime
de Rousseau, qui voudrait que chaque homme sût
un métier, pour s'en aider dans l'adversité et se
nourrir partout. Quant à lui, il déclara qu'il était
tisserand, veuf sans enfans, et qu'il était content
de son sort.

La conversation en resta là. Le lendemain, l'officier partit, et peu de temps après se trouva installé
dans les rangs de l'armée de Condé; mais, à tout
ce qui se passait, tant au dedans qu'au dehors de
cette armée, il jugea facilement que ce n'était pas
par cette porte qu'il pouvait espérer de rentrer en
France. Il ne tarda pas à y éprouver quelques-uns
de ces désagrémens qu'y ont quelquefois rencontrés
ceux qui n'avaient d'autres titres que leur zèle pour
la cause royale, et plus tard on lui fit un passe-
droit, ou quelque chose de pareil, qui lui parut
d'une injustice criante.

Alors le discours du tisserand lui revint dans la

mémoire; il y rêva quelque temps, et, ayant pris
son parti, quitta l'armée, revint à Mondon, et se
présenta au tisserand, en le priant de le recevoir
comme apprenti.

« Je ne laisserai pas échapper cette occasion de
faire une bonne action, dit le vieillard; vous mangerez avec moi; je ne sais qu'une chose, je vous
l'apprendrai; je n'ai qu'un lit, vous le partagerez.
Vous travaillerez ainsi pendant un an, et, au bout
de ce temps, vous travaillerez à votre compte, et
vous vivrez heureux dans un pays où le travail est
honoré et protégé. »

Dès le lendemain, l'officier se mit à l'ouvrage,
et y réussit si bien qu'au bout de six mois son
maître lui déclara qu'il n'avait plus rien à lui apprendre, qu'il se regardait comme payé des soins
qu'il lui avait donnés, et que désormais tout ce
qu'il ferait tournerait à son profit particulier.

Quand je passai à Mondon, le nouvel artisan
avait déjà gagné assez d'argent pour acheter un
métier et un lit; il travaillait avec une assiduité
remarquable, et on prenait à lui un tel intérêt, que
les premières maisons de la ville s'étaient arrangées
pour lui donner tour à tour à dîner chaque dimanche.

Ce jour-là, il endossait son uniforme, reprenait
ses droits dans la société, et, comme il était fort
aimable et fort instruit, il était fêté et caressé par

tout le monde. Mais, le lundi, il redevenait tisserand, et, passant le temps dans cette alternative, ne paraissait pas trop mécontent de son sort.

L'AFFAMÉ.

A ce tableau des avantages de l'industrie j'en vais accoler un autre d'un genre absolument opposé.

Je rencontrai à Lausanne un émigré lyonnais, grand et beau garçon, qui, pour ne pas travailler, s'était réduit à ne manger que deux fois par semaine; il serait même mort de faim de la meilleure grâce du monde, si un brave négociant de la ville ne lui avait pas ouvert un crédit chez un traiteur pour y dîner le dimanche et le mercredi de chaque semaine.

L'émigré arrivait au jour indiqué, se bourrait jusqu'à l'œsophage, et partait, non sans emporter avec lui un assez gros morceau de pain : c'était chose convenue.

Il ménageait le mieux qu'il pouvait cette provision supplémentaire, buvait de l'eau quand l'estomac lui faisait mal, passait une partie de son temps au lit, dans une rêvasserie qui n'était pas sans charmes, et gagnait ainsi le repas suivant.

Il y avait trois mois qu'il vivait ainsi quand je le rencontrai. Il n'était pas malade, mais il régnait dans toute sa personne une telle langueur, ses traits étaient tellement étirés, et il y avait entre son nez et ses oreilles quelque chose de si hippocratique, qu'il faisait peine à voir.

Je m'étonnais qu'il se soumît à de telles angoisses plutôt que de chercher à utiliser sa personne, et je l'invitai à dîner dans mon auberge, où il officia à faire trembler. Mais je ne récidivai pas, parce que j'aime qu'on se raidisse contre l'adversité, et qu'on obéisse, quand il le faut, à cet arrêt porté contre l'espèce humaine : *Tu travailleras*.

LE LION D'ARGENT.

Quels bons dîners nous faisions en ce temps à Lausanne, au *Lion d'argent ! ! !*

Moyennant quinze bats (2 fr. 25 c.), nous passions en revue trois services complets, où l'on voyait, entre autres, le bon gibier des montagnes voisines, l'excellent poisson du lac de Genève, et nous humections tout cela, *à volonté et à discrétion,* avec un petit vin blanc, limpide comme eau de roche, qui aurait fait boire un enragé.

Le haut bout de la table était tenu par un chanoine de Notre-Dame de Paris (je souhaite qu'il vive encore), qui était là comme chez lui, et devant qui le keller ne manquait pas de placer tout ce qu'il y avait de meilleur dans le menu.

Il me fit l'honneur de me distinguer et de m'appeler, en qualité d'aide de camp, dans la région qu'il habitait; mais je ne profitai pas longtemps de cet avantage : les événemens m'entraînèrent, et je partis pour les États-Unis, où je trouvai un asile, du travail et de la tranquillité.

SÉJOUR EN AMÉRIQUE.

. . . .
. . . .
. . . .
. . . .
. . . .
. . . .
. . . .

BATAILLE.

Je finis ce chapitre en racontant une circonstance de ma vie qui prouve bien que rien n'est sûr en ce bas monde, et que le malheur peut nous surprendre au moment où l'on s'y attend le moins.

Je partais pour la France; je quittais les États-Unis après trois ans de séjour, et je m'y étais si bien trouvé que tout ce que je demandai au Ciel (et il m'a exaucé), dans ces momens d'attendrissement qui précèdent le départ, fut de ne pas être plus malheureux dans l'ancien monde que je ne l'avais été dans le nouveau.

Ce bonheur, je l'avais principalement dû à ce que, dès que je fus arrivé parmi les Américains, je parlai comme eux[1], je m'habillai comme eux ; je me gardai bien de vouloir avoir plus d'esprit qu'eux, et je trouvai bon tout ce qu'ils faisaient, payant ainsi l'hospitalité que je trouvais parmi eux par une condescendance que je crois nécessaire et que je conseille à tous ceux qui pourraient se trouver en pareille position.

Je quittais donc paisiblement un pays où j'avais vécu en paix avec tout le monde, et il n'y avait pas un bipède sans plumes, dans toute la création, qui eût plus actuellement que moi l'amour de ses semblables, quand il survint un incident tout à fait indépendant de ma volonté, et qui faillit à me rejeter dans les événemens tragiques.

J'étais sur le paquebot qui devait me conduire de New-York à Philadelphie, et il faut savoir que, pour faire ce voyage avec sûreté et certitude, il faut profiter du moment où la marée descend.

---

1. Je dînais un jour à côté d'un créole qui demeurait à New-York depuis deux ans et ne savait pas assez d'anglais pour demander du pain, et je lui en témoignai mon étonnement. « Bah ! dit-il en levant les épaules, croyez-vous que je suis assez bon pour me donner la peine d'étudier la langue d'un peuple aussi maussade ? »

Or la mer était *étâle*, c'est-à-dire qu'elle allait descendre, et le moment de partir était venu sans qu'on se mît le moins du monde en mouvement pour démarrer.

Nous étions là beaucoup de Français, et, entre autres, un sieur Gauthier, qui doit être encore en ce moment à Paris, brave garçon qui s'est ruiné en voulant bâtir *ultra vires* la maison qui fait l'angle sud-ouest du palais du ministre des finances.

La cause du retard fut bientôt connue : elle provenait de deux Américains qui n'arrivaient point et qu'on avait la bonté d'attendre, ce qui nous mettait en danger d'être surpris par la marée basse et de mettre le double de temps pour arriver à notre destination, car la mer n'attend personne.

De là grands murmures, et surtout de la part des Français, qui ont les passions bien autrement vives que les habitans de l'autre bord de l'Atlantique.

Non seulement je ne m'en mêlai pas, mais à peine m'en apercevais-je, car j'avais le cœur gros et je pensais au sort qui m'attendait en France : de sorte que je ne sais pas bien ce qui se passa. Mais bientôt j'entendis un bruit éclatant, et je vis qu'il provenait de ce que Gauthier avait appliqué sur la joue d'un Américain un soufflet à assommer un rhinocéros.

Cet acte de violence amena une confusion épouvantable. Les mots *Français* et *Américain* ayant été plusieurs fois prononcés en opposition, la querelle devint nationale, et il n'était pas moins question que de nous jeter tous à la mer, ce qui eût été cependant une opération difficile, car nous étions huit contre onze.

J'étais, par mon extérieur, celui qui annonçait devoir faire le plus de résistance à la *transbordation* : car je suis carré, de haute taille, et n'avais alors que trente-neuf ans. Ce fut sans doute par cette raison qu'on dirigea sur moi le guerrier le plus apparent de la troupe ennemie, qui vint me faire face en attitude hostile.

Il était haut comme un clocher et gros en proportion ; mais, quand je le toisai avec ce regard qui pénètre jusqu'à la moelle des os, je vis qu'il était d'un tempérament lymphatique, qu'il avait le visage boursouflé, les yeux morts, la tête petite et des jambes de femme.

Mens non agitat molem, dis-je en moi-même ; voyons ce qu'il tient, et on mourra après, s'il le faut. Alors, voici textuellement ce que je lui dis, à la manière des héros d'Homère :

« Do you believe[1] to bully me, you damned

---

1. On ne se tutoie point en anglais, et un charretier, tout en rouant son cheval de coups de fouet, lui dit : « Go, sir ; go, sir, I say (Allez, Monsieur ; allez, Monsieur, vous dis-je). »

rogue? By God! it will not be so... and I'll over-
board you like a dead cat... If I find you too heavy,
I'll climb to you with hands, legs, teeth, nails,
every thing, and, if y can not better, we will sink
together to the bottom. My life is nothing to send
such dog to hell. Now, just now... »

« Croyez-vous m'effrayer, damné coquin?... Par
Dieu! il n'en sera rien, et je vous jetterai par-dessus
bord comme un chat crevé. Si je vous trouve trop
lourd, je m'attacherai à vous avec les mains, avec
les jambes, avec les ongles, avec les dents, de toutes
manières, et nous irons ensemble au fond. Ma vie
n'est rien pour envoyer en enfer un chien comme
vous. Allons... 1 »

A ces paroles, avec lesquelles toute ma personne
était sans doute en harmonie (car je me sentais la
force d'Hercule), je vis mon homme se raccourcir
d'un pouce ; ses bras tombèrent, ses joues s'apla-
tirent ; en un mot, il donna des marques si évi-
dentes de frayeur que celui qui l'avait sans doute
envoyé s'en aperçut, et vint comme pour s'inter-

---

1. Dans tous les pays régis par les lois anglaises, les
batteries sont toujours précédées de beaucoup d'injures ver-
bales, parce qu'on y dit que les « injures ne cassent pas les os
(High words break no bones) ». Souvent aussi on s'en tient
là, et la loi fait qu'on hésite pour frapper, car celui qui
frappe le premier rompt la paix publique, et sera toujours
condamné à l'amende, quel que soit l'événement du
combat.

poser; et il fit bien, car j'étais lancé, et l'habitant du nouveau monde allait sentir que ceux qui se baignent dans le Furans[1] ont les nerfs durement trempés.

Cependant quelques paroles de paix s'étaient fait entendre dans l'autre partie du navire; l'arrivée des retardataires fit diversion; il fallut s'occuper à mettre à la voile : de sorte que, pendant que j'étais en attitude de lutteur, le tumulte cessa tout d'un coup.

Les choses se passèrent même au mieux, car, lorsque tout fut apaisé, m'étant occupé à chercher Gauthier pour le gronder de sa vivacité, je trouvai le souffleté assis à la même table, en présence d'un jambon de la plus aimable apparence et d'un pitcher de bière d'une coudée de hauteur.

---

1. Rivière limpide qui prend sa source au-dessus de Rossillon, passe près de Belley et se jette dans le Rhône au-dessus de Peyrieux. Les truites qu'on y prend ont la chair couleur de rose, et les brochets l'ont blanche comme ivoire. *Gut! gut! gut!* (allem.).

XV

LA BOTTE D'ASPERGES

Passant au Palais-Royal par un beau jour du mois de février, je m'arrêtai devant le magasin de Mme Chevet, la plus fameuse marchande de comestibles de Paris, qui m'a toujours fait l'honneur de me vouloir du bien, et, y remarquant une botte d'asperges dont la moindre était plus grosse que mon doigt indicateur, je lui en demandai le prix. « Quarante francs, Monsieur, répondit-elle. — Elles sont vraiment fort belles ; mais, à ce prix, il n'y a guère que le roi ou quelque prince qui pourront en manger. — Vous êtes dans l'erreur, de pareils choix n'abordent jamais les palais : on y veut du beau, et non du magnifique. Ma botte d'asperges n'en partira pas moins, et voici comment.

« Au moment où nous parlons, il y a dans cette ville au moins trois cents richards, financiers, capitalistes, fournisseurs et autres, qui sont retenus chez eux par la goutte, la peur des catarrhes, les ordres du médecin, et autres causes qui n'empêchent pas de manger ; ils sont auprès de leur feu, à se creuser le cerveau pour savoir ce qui pourrait les ragoûter, et, quand ils se sont bien fatigués

sans réussir, ils envoient leur valet de chambre à la
découverte. Celui-ci viendra chez moi, remarquera
ces asperges, fera son rapport, et elles seront enle-
vées à tout prix. Ou bien ce sera une jolie petite
femme qui passera avec son amant, et qui lui dira :
« Ah! mon ami, les belles asperges! *Achetons-les;*
« vous savez que ma bonne en fait si bien la
« sauce!... » Or, en pareil cas, un amant comme
il faut ne refuse ni ne marchande. Ou bien c'est
une gageure, un baptême, une hausse subite de la
rente... Que sais-je, moi? En un mot, les objets
très chers s'écoulent plus vite que les autres, parce
qu'à Paris le cours de la vie amène tant de circonstances extraordinaires qu'il y a toujours mo-
tifs suffisans pour les placer. »

Comme elle parlait ainsi, deux gros Anglais qui
passaient en se tenant sous le bras s'arrêtèrent auprès de nous, et leur visage prit à l'instant une
teinte admirative. L'un d'eux fit envelopper la botte
miraculeuse, même sans en demander le prix, la
paya, la mit sous son bras, et l'emporta en sifflant
l'air : *God save the king.*

« Voilà, Monsieur, me dit en riant Mme Chevet, une chance tout aussi commune que les autres,
dont je ne vous avais pas encore parlé. »

XVI

DE LA FONDUE

La fondue est originaire de la Suisse. Ce n'est autre chose que des œufs brouillés au fromage, dans certaines proportions que le temps et l'expérience ont révélées. J'en donnerai la recette officielle.

C'est un mets sain, savoureux, appétissant, de prompte confection, et partant toujours prêt à faire face à l'arrivée de quelques convives inattendus. Au reste, je n'en fais mention ici que pour ma satisfaction particulière, et parce que ce mot rappelle un fait dont les vieillards du district de Belley ont gardé le souvenir.

Vers la fin du XVIIe siècle, un M. de Madot fut nommé à l'évêché de Belley, et y arrivait pour en prendre possession.

Ceux qui étaient chargés de le recevoir et de lui faire les honneurs de son propre palais avaient préparé un festin digne de l'occasion, et avaient fait usage de toutes les ressources de la cuisine d'alors pour fêter l'arrivée de Monseigneur.

Parmi les entremets brillait une ample *fondue*, dont le prélat se servit copieusement. Mais, ô sur-

prise ! se méprenant à l'extérieur et la croyant une
crème, il la mangea à la cuiller, au lieu de se servir de la fourchette, de temps immémorial destinée
à cet usage.

Tous les convives, étonnés de cette étrangeté,
se regardèrent du coin de l'œil et avec un sourire
imperceptible. Cependant le respect arrêta toutes
les langues : car tout ce qu'un évêque venant de
Paris fait à table, et surtout le premier jour de son
arrivée, ne peut manquer d'être bien fait.

Mais la chose s'ébruita, et, dès le lendemain, on
ne se rencontrait point sans se demander : « Eh
bien! savez-vous comment notre nouvel évêque a
mangé hier au soir sa fondue? — Eh! oui, je le
sais... — Il l'a mangée avec une cuiller. Je le tiens
d'un témoin oculaire, etc. » La ville transmit le fait
à la campagne, et après trois mois il était public
dans tout le diocèse.

Ce qu'il y a de remarquable, c'est que cet incident faillit ébranler la foi de nos pères. Il y eut
des novateurs qui prirent le parti de la cuiller; mais
ils furent bientôt oubliés. La fourchette triompha,
et, après plus d'un siècle, un de mes grands-oncles
s'en égayait encore et me contait, en riant d'un
rire immense, comme quoi M. de Madot avait une
fois mangé de la fondue avec une cuiller.

RECETTE DE LA FONDUE

Telle qu'elle a été extraite des papiers de M. Trolliet,
bailli de Moudon, au canton de Berne.

Pesez le nombre d'œufs que vous voudrez employer d'après le nombre présumé de vos convives.

Vous prendrez ensuite un morceau de bon fromage de Gruyère pesant le tiers, et un morceau de beurre pesant le sixième de ce poids.

Vous casserez et battrez bien les œufs dans une casserole ; après quoi vous y mettrez le beurre et le fromage râpé ou émincé.

Posez la casserole sur un fourneau bien allumé, et tournez avec une spatule jusqu'à ce que le mélange soit convenablement épaissi et mollet ; mettez-y un peu ou point de sel, suivant que le fromage sera plus ou moins vieux, et une forte proportion de poivre, qui est un des caractères positifs de ce mets antique ; servez sur un plat légèrement échauffé ; faites apporter le meilleur vin, qu'on boira rondement, et on verra merveilles.

XVII

DÉSAPPOINTEMENT

Tout était tranquille un jour dans l'auberge de l'*Écu de France*, à Bourg en Bresse, quand un grand roulement se fit entendre et qu'on vit paraître une superbe berline, forme anglaise, à quatre chevaux, remarquable surtout par deux très jolies Abigaïls qui étaient juchées sur le siège du cocher, bien ployées dans une ample enveloppe de drap écarlate, doublée et brodée en bleu.

A cette apparition, qui annonçait un milord voyageant à petites journées, Chicot (c'était le nom de l'aubergiste) accourut, le bonnet à la main. Sa femme se tint sur la porte de l'hôtel; les filles faillirent se rompre le cou en descendant l'escalier, et les garçons d'écurie se présentèrent, comptant déjà sur un ample pourboire.

On déballa les suivantes, non sans les faire rougir un peu, attendu les difficultés de la descente, et la berline accoucha 1º d'un milord gros, court, enluminé et ventru; 2º de deux miss longues, pâles et rousses; 3º d'une milady paraissant entre le premier et le second degré de la consomption.

Ce fut cette dernière qui prit la parole.

« Monsieur l'aubergiste, dit-elle, faites bien soigner mes chevaux; donnez-nous une chambre pour nous reposer, et faites rafraîchir mes femmes de chambre; mais je ne veux pas que le tout coûte plus de six francs. Prenez vos mesures là-dessus. »

Aussitôt après la prononciation de cette phrase économique, Chicot remit son bonnet, madame rentra, et les filles retournèrent à leur poste.

Cependant les chevaux furent mis à l'écurie, où ils lurent la gazette; on montra aux dames une chambre au premier (*up stairs*), et on offrit aux suivantes des verres et une carafe d'eau bien claire.

Mais les six francs obligés ne furent reçus qu'en rechignant et comme une mesquine compensation pour l'embarras causé et pour les espérances déçues.

XVIII

EFFETS MERVEILLEUX

D'UN DINER CLASSIQUE

« Hélas! que je suis à plaindre! disait d'une voix élégiaque un gastronome de la Cour royale de la Seine. Espérant retourner bientôt à ma terre, j'y ai laissé mon cuisinier; les affaires me retiennent à Paris, et je suis abandonné aux soins d'une bonne inofficieuse dont les préparations m'affadissent le cœur. Ma femme se contente de tout; mes enfans n'y connaissent encore rien : bouilli peu cuit, rôti brûlé. Je péris à la fois par la broche et par la marmite, hélas! »

Il parlait ainsi en traversant d'un pas douloureux la place Dauphine. Heureusement pour la chose publique, le professeur entendit de si justes plaintes, et dans le plaignant reconnut un ami. « Vous ne mourrez pas, mon cher, dit-il d'un ton affectueux au magistrat martyr; non, vous ne mourrez pas d'un mal dont je puis vous offrir le remède. Veuillez accepter pour demain un dîner classique, en petit comité; après dîner, une partie de piquet, que nous arrangerons de manière à ce que tout le

monde s'amuse, et, comme les autres, cette soirée
se précipitera dans l'abîme du passé. »

L'invitation fut acceptée ; le mystère s'accomplit
suivant les coutumes, rites et cérémonies voulus,
et, depuis ce jour (23 juin 1825), le professeur se
trouve heureux d'avoir conservé à la Cour royale
un de ses plus dignes soutiens.

XIX

EFFETS ET DANGERS

DES LIQUEURS FORTES

La soif factice dont nous avons fait mention (vol. 1er, p. 184), celle qui appelle les liqueurs fortes comme soulagement momentané, devient, avec le temps, si intense et si habituelle, que ceux qui s'y livrent ne peuvent pas passer la nuit sans boire, et sont obligés de quitter leur lit pour l'apaiser.

Cette soif devient alors une véritable maladie, et, quand l'individu en est là, on peut pronostiquer avec certitude qu'il ne lui reste pas deux ans à vivre.

J'ai voyagé en Hollande avec un riche commerçant de Dantzick, qui tenait depuis cinquante ans la première maison de détail en eaux-de-vie.

« Monsieur, me disait ce patriarche, on ne se doute pas en France de l'importance du commerce que nous faisons, de père en fils, depuis plus d'un siècle. J'ai observé avec attention les ouvriers qui viennent chez moi, et, quand ils s'abandonnent sans réserve au penchant, trop commun chez les Allemands, pour les liqueurs fortes, ils arrivent à leur fin tous à peu près de la même manière.

« D'abord ils ne prennent qu'un petit verre d'eau-de-vie le matin, et cette quantité leur suffit pendant plusieurs années (au surplus, ce régime est commun à tous les ouvriers, et celui qui ne prendrait pas son petit verre serait honni par tous les camarades); ensuite ils doublent la dose, c'est-à-dire qu'ils en prennent un petit verre le matin et autant vers midi. Ils restent à ce taux environ deux ou trois ans; puis ils en boivent régulièrement le matin, à midi et le soir. Bientôt ils en viennent prendre à toute heure, et n'en veulent plus que de celle dans laquelle on a fait infuser du girofle. Aussi, lorsqu'ils en sont là, il y a certitude qu'ils ont tout au plus six mois à vivre; ils se dessèchent, la fièvre les prend; ils vont à l'hôpital, et on ne les revoit plus. »

XX

LES CHEVALIERS ET LES ABBÉS

J'ai déjà cité deux fois ces deux catégories gourmandes, que le temps a détruites.

Comme elles ont disparu depuis plus de trente ans, la plus grande partie de la génération actuelle ne les a pas vues.

Elles reparaîtront probablement vers la fin de ce siècle; mais, comme un pareil phénomène exige la coïncidence de bien des futurs contingens, je crois que bien peu, parmi ceux qui vivent actuellement, seront témoins de cette palingénésie.

Il faut donc qu'en ma qualité de peintre de mœurs je leur donne le dernier coup de pinceau, et, pour y parvenir plus commodément, j'emprunte le passage suivant à un auteur qui n'a rien à me refuser :

« Régulièrement, et d'après l'usage, la qualification de chevalier n'aurait dû s'accorder qu'aux personnes décorées d'un ordre ou aux cadets des maisons titrées; mais beaucoup de ces chevaliers avaient trouvé avantageux de se donner l'accolade à eux-mêmes[1], et, si le porteur avait de l'éducation et

---

1. Self created.

une bonne tournure, telle était l'insouciance de cette époque que personne ne s'avisait d'y regarder.

« Les chevaliers étaient généralement beaux garçons; ils portaient l'épée verticale, le jarret tendu, la tête haute et le nez au vent; ils étaient joueurs, libertins, tapageurs, et faisaient partie essentielle du train d'une beauté à la mode.

« Ils se distinguaient encore par un courage brillant et une facilité excessive à mettre l'épée à la main. Il suffisait quelquefois de les regarder pour se faire une affaire. »

C'est ainsi que finit le chevalier de S..., l'un des plus connus de son temps.

Il avait cherché une querelle gratuite à un jeune homme tout nouvellement arrivé de Charolles, et on était allé se battre sur les derrières de la Chaussée-d'Antin, presque entièrement occupée alors par des marais.

A la manière dont le nouveau venu se développa sous les armes, S... vit bien qu'il n'avait pas affaire à un novice. Il ne se mit pas moins en devoir de le tâter; mais, au premier mouvement qu'il fit, le Charolais partit d'un coup de temps, et le coup fut tellement fourni que le chevalier était mort avant d'être tombé. Un de ses amis, témoin du combat, examina longtemps en silence une blessure si foudroyante, et la route que l'épée avait parcourue. « Quel beau coup de quarte dans les armes! dit-il

tout à coup en s'en allant, et que ce jeune homme
a la main bien placée!... » Le défunt n'eut pas
d'autre oraison funèbre.

Au commencement des guerres de la Révolution,
la plupart de ces chevaliers se placèrent dans les
bataillons; d'autres émigrèrent; le reste se perdit
dans la foule. Ceux qui survivent, en petit nombre,
sont encore reconnaissables à l'air de tête; mais ils
sont maigres et marchent avec peine : ils ont la
goutte.

––––––––

Quand il y avait beaucoup d'enfans dans une famille noble, on en destinait un à l'Église. Il commençait par obtenir les bénéfices simples, qui fournis-
saient aux frais de son éducation; et, dans la suite,
il devenait prince, abbé commendataire ou évêque,
selon qu'il avait plus ou moins de dispositions à
l'apostolat.

C'était là le type légitime des abbés; mais il y
en avait de faux, et beaucoup de jeunes gens qui
avaient quelque aisance, et qui ne se souciaient pas
de courir les chances de la chevalerie, se donnaient
le titre d'*abbé* en venant à Paris.

Rien n'était plus commode : avec une légère
altération dans la toilette, on se donnait tout à
coup l'apparence d'un bénéficier; on se plaçait au
niveau de tout le monde; on était fêté, caressé,

couru, car il n'y avait pas de maison qui n'eût son abbé.

Les abbés étaient petits, trapus, rondelets, bien mis, câlins, complaisans, curieux, gourmands, alertes, insinuans. Ceux qui restent ont tourné à la graisse; ils se sont faits dévots.

Il n'y avait pas de sort plus heureux que celui d'un riche prieur ou d'un abbé commendataire : ils avaient de la considération, de l'argent, point de supérieurs et rien à faire.

Les chevaliers se retrouveront si la paix est longue, comme on peut l'espérer; mais, à moins d'un grand changement dans l'administration ecclésiastique, l'espèce des abbés est perdue sans retour. Il n'y a plus de *sinécures,* et on est revenu aux principes de la primitive Église : *beneficium propter officium.*

XXI

MISCELLANEA

« Monsieur le conseiller, disait un jour, d'un bout d'une table à l'autre, une vieille marquise du faubourg Saint-Germain, lequel préférez-vous du bourgogne ou du bordeaux ? — Madame, répondit d'une voix druidique le magistrat ainsi interrogé, c'est un procès dont j'ai tant de plaisir à visiter les pièces que j'ajourne toujours à huitaine la prononciation de l'arrêt. »

Un amphitryon de la Chaussée-d'Antin avait fait servir sur sa table un saucisson d'Arles de taille héroïque. « Acceptez-en une tranche, disait-il à sa voisine ; voilà un meuble qui, je l'espère, annonce une bonne maison. — Il est vraiment très gros, dit la dame en lorgnant d'un air malin ; c'est dommage que cela ne ressemble à rien. »

Ce sont surtout les gens d'esprit qui tiennent la gourmandise à honneur ; les autres ne sont pas capables d'une opération qui consiste dans une suite d'appréciations et de jugemens.

Mᵐᵉ la comtesse de Genlis se vante, dans ses
Mémoires, d'avoir appris à une Allemande qui
l'avait bien reçue la manière d'apprêter jusqu'à sept
plats délicieux.

————

C'est M. le comte de Laplace qui a découvert
une manière très relevée d'accommoder les fraises,
qui consiste à les mouiller avec le jus d'une orange
douce (pomme des Hespérides).

————

Un autre savant a encore enchéri sur le premier
en y ajoutant le jaune de l'orange, qu'il enlève en
la frottant avec un morceau de sucre ; et il prétend
prouver, au moyen d'un lambeau échappé aux flammes qui détruisirent la bibliothèque d'Alexandrie,
que c'est ainsi assaisonné que ce fruit était servi
dans les banquets du mont Ida.

————

« Je n'ai pas grande idée de cet homme, disait
le comte de M... en parlant d'un candidat qui
venait d'attraper une place ; il n'a jamais mangé de
boudin à la Richelieu 'et ne connaît pas les côtelettes à la Soubise. »

————

Un buveur était à table, et au dessert on lui offrit
du raisin. « Je vous remercie, dit-il en repoussant

l'assiette ; je n'ai pas coutume de prendre mon vin
en pilules. »

————————

On félicitait un amateur qui venait d'être nommé directeur des contributions directes à Périgueux ;
on l'entretenait du plaisir qu'il aurait à vivre au
centre de la bonne chère, dans le pays des truffes,
des bartavelles, des dindes truffées, etc., etc. « Hélas !
dit en soupirant le gastronome contristé, est-il bien
sûr qu'on puisse vivre dans un pays où la marée
n'arrive pas ? »

XXII

UNE JOURNÉE CHEZ LES BERNARDINS

Il était près d'une heure du matin; il faisait une belle nuit d'été, et nous étions formés en cavalcade, non sans avoir donné une vigoureuse sérénade aux belles qui avaient le bonheur de nous intéresser (c'était vers 1782).

Nous partions de Belley, et nous allions à Saint-Sulpice, abbaye de bernardins située sur une des plus hautes montagnes de l'arrondissement, au moins cinq mille pieds au-dessus du niveau de la mer.

J'étais alors le chef d'une troupe de musiciens amateurs, tous amis de la joie et possédant à haute dose toutes les vertus qui accompagnent la jeunesse et la santé.

« Monsieur, m'avait dit un jour l'abbé de Saint-Sulpice en me tirant, après dîner, dans l'embrasure d'une croisée, vous seriez bien aimable si vous veniez, avec vos amis, nous faire un peu de musique le jour de saint Bernard. Le saint en serait bien plus complètement glorifié; nos voisins en seraient réjouis, et vous auriez l'honneur d'être les premiers Orphées qui auraient pénétré dans ces régions élevées. »

Je ne fis pas répéter une demande qui promettait une partie agréable; je promis d'un signe de tête, et le salon en fut ébranlé.

Annuit, et totum nutu tremefecit Olympum.

Toutes les précautions étaient prises d'avance, et nous partions de bonne heure, parce que nous avions quatre lieues à faire par des chemins capables d'effrayer même les voyageurs audacieux qui ont bravé les hauteurs de la puissante butte Montmartre.

Le monastère était bâti dans une vallée fermée à l'ouest par le sommet de la montagne, et à l'est par un coteau moins élevé.

Le pic de l'ouest était couronné par une forêt de sapins où un seul coup de vent en renversa un jour trente-sept mille [1]. Le fond de la vallée était occupé par une vaste prairie où des buissons de hêtre formaient divers compartimens irréguliers, modèles immenses de ces petits jardins anglais que nous aimons tant.

Nous arrivâmes à la pointe du jour, et nous fûmes reçus par le père cellerier, dont le visage était quadrangulaire et le nez en obélisque.

---

1. La maîtrise des eaux et forêts les compta, les vendit; le commerce en profita, les moines en profitèrent; de grands capitaux furent mis en circulation, et personne ne se plaignit de l'ouragan.

« Messieurs, dit le bon père, soyez les bienve-
nus; notre révérend abbé sera bien content quand
il saura que vous êtes arrivés. Il est encore dans son
lit, car hier il était bien fatigué; mais vous allez
venir avec moi, et vous verrez si nous vous atten-
dions. »

Il dit, se mit en marche, et nous le suivîmes,
supposant avec raison qu'il nous conduisait vers le
réfectoire.

Là, tous nos sens furent envahis par l'apparition
du déjeuner le plus séduisant, d'un déjeuner vraiment classique.

Au milieu d'une table spacieuse s'élevait un pâté
grand comme une église; il était flanqué au nord
par un quartier de veau froid, au sud par un jambon
énorme, à l'est par une pelote de beurre monumen-
tale, et à l'ouest par un boisseau d'artichauts à la
poivrade.

On y voyait encore diverses espèces de fruits, des
assiettes, des serviettes, des couteaux et de l'argenterie dans des corbeilles, et, au bout de la table,
des frères lais et des domestiques prêts à servir,
quoique étonnés de se voir levés si matin.

En un coin du réfectoire, on voyait une pile de
plus de cent bouteilles, continuellement arrosée par
une fontaine naturelle qui s'échappait en murmu-
rant : *Evoé Bacche!* Et, si l'arome du moka ne cha-
touillait pas nos narines, c'est que, dans ces temps

héroïques, on ne prenait pas encore de café si
matin.

Le révérend cellerier jouit quelque temps de notre
étonnement; après quoi il nous adressa l'allocution
suivante, que, dans notre sagesse, nous jugeâmes
avoir été préparée :

« Messieurs, dit-il, je voudrais pouvoir vous
tenir compagnie; mais je n'ai pas encore dit ma
messe, et c'est aujourd'hui jour de grand office. Je
devrais vous inviter à manger; mais votre âge, le
voyage et l'air vif de nos montagnes doivent m'en
dispenser. Acceptez avec plaisir ce que nous vous
offrons de bon cœur. Je vous quitte et vais chanter
matines. »

A ces mots, il disparut.

Ce fut alors le moment d'agir, et nous attaquâmes
avec l'énergie que supposaient en effet les trois
circonstances aggravantes si bien indiquées par le
cellerier. Mais que pouvaient de faibles enfans
d'Adam contre un repas qui paraissait préparé pour
les habitans de Sirius! Nos efforts furent impuissans,
et, quoique ultra repus, nous n'avions laissé de
notre passage que des traces imperceptibles.

Ainsi bien munis jusqu'au dîner, on se dispersa,
et j'allai me tapir dans un bon lit, où je dormis en
attendant la messe, semblable au héros de Rocroy
et à d'autres encore qui ont dormi jusqu'au moment
de commencer la bataille.

Je fus réveillé par un robuste frère qui faillit m'arracher le bras, et je courus à l'église, où je trouvai tout le monde à son poste.

Nous exécutâmes une symphonie à l'offertoire; on chanta un motet à l'élévation, et on finit par un quatuor d'instrumens à vent; et, malgré les mauvaises plaisanteries contre la musique d'amateurs, le respect que je dois à la vérité m'oblige d'assurer que nous nous en tirâmes fort bien.

Je remarque, à cette occasion, que tous ceux qui ne sont jamais contens de rien sont presque toujours des ignorans qui ne tranchent hardiment que parce qu'ils espèrent que leur audace pourra leur faire supposer des connaissances qu'ils n'ont pas eu le courage d'acquérir.

Nous reçûmes avec bénignité les éloges qu'on ne manqua pas de nous prodiguer en cette occasion, et, après avoir reçu les remerciemens de l'abbé, nous allâmes nous mettre à table.

Le dîner fut servi dans le goût du XVe siècle : peu d'entremets, peu de superfluités; mais un excellent choix de viandes, des ragoûts simples, substantiels, une bonne cuisine, une cuisson parfaite, et surtout des légumes d'une saveur inconnue dans les marais, empêchaient de désirer ce qu'on ne voyait pas.

On jugera, au surplus, de l'abondance qui régnait en ce bon lieu quand on saura que le second service offrit jusqu'à quatorze plats de rôt.

Le dessert fut d'autant plus remarquable qu'il était composé en partie de fruits qui ne croissent point à cette hauteur, et qu'on avait apportés du pays bas : car on avait mis à contribution les jardins de Machuraz, la Morflent, Viû, Champagne et autres endroits favorisés de l'astre père de la chaleur.

Les liqueurs ne manquèrent pas ; mais le café mérite une mention particulière.

Il était limpide, parfumé, chaud à merveille ; mais surtout il n'était pas servi dans ces vases dégénérés qu'on ose appeler *tasses* sur la rive gauche de la Seine, mais dans de beaux et profonds bols, où se plongeaient à souhait les lèvres épaisses des révérends, qui en aspiraient le liquide vivifiant avec un bruit qui aurait fait honneur à des cachalots avant l'orage.

Après dîner, nous allâmes à vêpres, et nous y exécutâmes, entre les psaumes, des antiphones que j'avais composés exprès. C'était de la musique courante, comme on en faisait alors, et je n'en dis ni bien ni mal, de peur d'être arrêté par la modestie ou influencé par la paternité.

La journée officielle étant ainsi terminée, les voisins commencèrent à défiler ; les autres s'arrangèrent pour faire quelques parties à des jeux de commerce.

Pour moi, je préférai la promenade, et, ayant

réuni quelques amis, j'allai fouler ce gazon si doux
et si serré qui vaut bien les tapis de la Savonnerie,
et respirer cet air pur des hauts lieux, qui rafraîchit l'âme et dispose l'imagination à la méditation
et au romantisme[1].

Il était tard quand nous rentrâmes. L'abbé vint
à moi pour me souhaiter le bonsoir et une bonne
nuit. « Je vais, me dit-il, rentrer chez moi et vous
laisser finir la soirée. Ce n'est pas que je croie que
ma présence pût être importune à nos pères ; mais
je veux qu'ils sachent bien qu'ils ont liberté plé-
nière. Ce n'est pas tous les jours saint Bernard ;
demain nous rentrerons dans l'ordre accoutumé :
cras iterabimus æquor. »

Effectivement, après le départ de l'abbé, il y eut
plus de mouvement dans l'assemblée ; elle devint
plus bruyante, et on fit plus de ces plaisanteries
spéciales aux cloîtres, qui ne voulaient pas dire
grand'chose, et dont on riait sans savoir pourquoi.

Vers neuf heures, le souper fut servi : souper
soigné, délicat et éloigné du dîner de plusieurs
siècles.

---

1. J'ai constamment éprouvé cet effet dans les mêmes
circonstances, et je suis porté à croire que la légèreté de
l'air, dans les montagnes, laisse agir certaines puissances cé-
rébrales que sa pesanteur opprime dans la plaine.

On mangea sur nouveaux frais; on causa, on rit, on chanta des chansons de table, et un des pères nous lut quelques vers de sa façon, qui vraiment n'étaient pas mauvais pour avoir été faits par un tondu.

Sur la fin de la soirée, une voix s'éleva et cria : « Père cellerier, où est donc votre plat ? — C'est trop juste, répondit le révérend ; je ne suis pas cellerier pour rien. »

Il sortit un moment, et revint bientôt après, accompagné de trois serviteurs, dont le premier apportait des rôties d'excellent beurre, et les deux autres étaient chargés d'une table sur laquelle se trouvait une cuve d'eau-de-vie sucrée et brûlante, ce qui équivalait presque au punch, qui n'était point encore connu.

Les nouveaux venus furent reçus avec acclamation ; on mangea les rôties, on but l'eau-de-vie brûlée, et, quand l'horloge de l'abbaye sonna minuit, chacun se retira dans son appartement pour y jouir des douceurs d'un sommeil auquel les travaux de la journée lui avaient donné des dispositions et des droits.

N. B. Le père cellerier dont il est fait mention dans cette narration véritablement historique étant devenu vieux, on parlait devant lui d'un abbé nouvellement nommé, qui arrivait de Paris, et dont on redoutait la rigueur.

« Je suis tranquille à son égard, dit le révérend; qu'il soit méchant tant qu'il voudra, il n'aura jamais le courage d'ôter à un vieillard ni le coin du feu ni la clef de la cave. »

XXIII

BONHEUR EN VOYAGE

J'étais un jour monté sur mon bon cheval *la Joie,* et je parcourais les coteaux riants du Jura.

C'était dans les plus mauvais jours de la Révolution, et j'allais à Dôle, auprès du représentant Prôt, pour en obtenir un sauf-conduit qui devait m'empêcher d'aller en prison, et probablement ensuite à l'échafaud.

En arrivant, vers onze heures du matin, à une auberge du petit bourg ou village de Mont-sous-Vaudrey, je fis d'abord bien soigner ma monture; et, de là, passant à la cuisine, j'y fus frappé d'un spectacle qu'aucun voyageur n'eût pu voir sans plaisir.

Devant un feu vif et brillant tournait une broche admirablement garnie de cailles, rois de cailles, et de ces petits râles à pieds verts qui sont toujours si gras. Ce gibier de choix rendait ses dernières gouttes sur une immense rôtie dont la facture annonçait la main d'un chasseur, et, tout auprès, on voyait déjà cuit un de ces levrauts à côtes rondes que les Parisiens ne connaissent pas, et dont le fumet embaumerait une église.

« Bon! dis-je en moi-même, ranimé par cette vue, la Providence ne m'abandonne pas tout à fait. Cueillons encore cette fleur en passant : il sera toujours temps de mourir. »

Alors, en m'adressant à l'hôte, qui, pendant cet examen, sifflait, les mains derrière le dos, en promenant dans la cuisine sa stature de géant, je lui dis : « Mon cher, qu'allez-vous me donner de bon pour mon dîner ? — Rien que de bon, Monsieur : bon bouilli, bonne soupe aux pommes de terre, bonne épaule de mouton et bons haricots. »

A cette réponse inattendue, un frisson de désappointement parcourut tout mon corps : on sait que je ne mange point de bouilli, parce que c'est de la viande moins son jus ; les pommes de terre et les haricots sont obésigènes ; je ne me sentais pas des dents d'acier pour déchirer l'éclanche. Ce menu était fait exprès pour me désoler, et tous mes maux retombèrent sur moi.

L'hôte me regardait d'un air sournois, et avait l'air de deviner la cause de mon désappointement... « Et pour qui réservez-vous donc tout ce joli gibier? lui dis-je d'un air tout à fait contrarié. — Hélas! Monsieur, répondit-il d'un ton sympathique, je ne puis pas en disposer : tout cela appartient à des messieurs de justice qui sont ici, depuis dix jours, pour une expertise qui intéresse une dame fort riche. Ils ont fini hier, et se régalent pour cé-

lébrer cet événement heureux : c'est ce que nous
appelons ici faire la révoltè.—Monsieur, répliquai-
je après avoir musé quelques instants, faites-moi le
plaisir de dire à ces messieurs qu'un homme de
bonne compagnie demande comme une faveur
d'être admis à dîner avec eux, qu'il prendra sa part
de la dépense et qu'il leur en aura surtout une
extrême obligation. » Je dis : il partit et ne revint
plus.

Mais, peu après, je vis entrer un petit homme,
gras, frais, joufflu, trapu, guilleret, qui vint rôder
dans la cuisine, déplaça quelques meubles, leva le
couvercle d'une casserole et disparut.

« Bon! dis-je en moi-même, voilà le frère tuileur qui vient me reconnaître! » Et je recommen-
çai à espérer, car l'expérience m'avait déjà appris
que mon extérieur n'est pas repoussant.

Le cœur ne m'en battait pas moins comme à
un candidat sur la fin du dépouillement du scru-
tin, quand l'hôte reparut et vint m'annoncer que
ces messieurs étaient très flattés de ma proposition et n'attendaient que moi pour se mettre à
table.

Je partis en entrechats; je reçus l'accueil le plus
flatteur, et au bout de quelques minutes j'avais
pris racine.

Quel bon dîner!!! Je n'en ferai pas le détail,
mais je dois une mention honorable à une fri-

cassée de poulets de haute facture, telle qu'on n'en trouve qu'en province, et si richement dotée de truffes qu'il y en avait assez pour retremper le vieux Tithon.

On connaît déjà le rôt : son goût répondait à son extérieur ; il était cuit à point, et la difficulté que j'avais éprouvée à m'en approcher en rehaussait encore la saveur.

Le dessert était composé d'une crème à la vanille, de fromage de choix et de fruits excellens. Nous arrosions tout cela avec un vin léger et couleur de grenat ; plus tard, avec du vin de l'Ermitage ; plus tard encore, avec du vin de paille, également doux et généreux. Le tout fut couronné par de très bon café, confectionné par le tuileur guilleret, qui eut aussi l'attention de ne nous laisser pas manquer de certaines liqueurs de Verdun, qu'il sortit d'une espèce de tabernacle dont il avait la clef.

Non seulement le dîner fut bon, mais il fut très gai.

Après avoir parlé avec circonspection des affaires du temps, ces messieurs s'attaquèrent de plaisanteries qui me mirent au fait d'une partie de leur biographie ; ils parlèrent peu de l'affaire qui les avait réunis ; on dit quelques bons contes, on chanta ; je m'y joignis par quelques couplets inédits ; j'en fis même un en impromptu, et qui fut fort applaudi, suivant l'usage. Le voici :

AIR DU *Maréchal ferrant.*

Qu'il est doux pour les voyageurs
De trouver d'aimables buveurs !
C'est une *vraie* béatitude.
Entouré d'aussi bons enfans,
Ma foi, je passerais céans,
Libre de toute inquiétude,
  Quatre jours,
  Quinze jours,
  Trente jours,
  Une année,
Et bénirais ma destinée.

Si je rapporte ce couplet, ce n'est pas que je le croie excellent : j'en ai fait, grâce au Ciel, de meilleurs, et j'aurais refait celui-là si j'avais voulu ; mais j'ai préféré de lui laisser sa tournure d'impromptu, afin que le lecteur convienne que celui qui, avec un comité révolutionnaire en croupe, pouvait se jouer ainsi, celui-là, dis-je, avait bien certainement la tête et le cœur d'un Français.

Il y avait bien quatre heures que nous étions à table, et on commençait à s'occuper de la manière de finir la soirée : on allait faire une longue promenade pour aider la digestion, et, en rentrant, on ferait une partie de bête hombrée pour attendre le repas du soir, qui se composerait d'un plat de truites en réserve et des reliefs du dîner, encore très désirables.

A toutes ces propositions je fus obligé de répondre par un refus : le soleil, penchant vers l'horizon, m'avertissait de partir. Ces messieurs insistèrent autant que la politesse le permet, et s'arrêtèrent quand je leur assurai que je ne voyageais pas tout à fait pour mon plaisir.

On a déjà deviné qu'ils ne voulurent pas entendre parler de mon écot. Ainsi, sans me faire de questions importunes, ils voulurent me voir monter à cheval, et nous nous séparâmes après avoir fait et reçu les adieux les plus affectueux.

Si quelqu'un de ceux qui m'accueillirent si bien existe encore, et que ce livre tombe entre ses mains, je désire qu'il sache qu'après plus de trente ans ce chapitre a été écrit avec la plus vive gratitude.

Un bonheur ne vient jamais seul, et mon voyage eut un succès que je n'aurais presque pas espéré.

Je trouvai, à la vérité, le représentant Prôt fortement prévenu contre moi ; il me regarda d'un air sinistre, et je crus qu'il allait me faire arrêter ; mais j'en fus quitte pour la peur, et, après quelques éclaircissemens, il me sembla que ses traits se détendaient un peu.

Je ne suis point de ceux que la peur rend cruels, et je crois que cet homme n'était pas méchant ; mais il avait peu de capacité et ne savait que faire du pouvoir redoutable qui lui avait été confié : c'était un enfant armé de la massue d'Hercule.

M. Amondru, dont je retrace ici le nom avec

bien du plaisir, eut véritablement quelque peine à lui faire accepter un souper où il était convenu que je me trouverais; cependant il y vint et me reçut d'une manière qui était bien loin de me satisfaire.

Je fus un peu moins mal accueilli de Mme Prôt, à qui j'allai présenter mon hommage. Les circonstances où je me présentais admettaient au moins un intérêt de curiosité.

Dès les premières phrases, elle me demanda si j'aimais la musique. O bonheur inespéré! elle paraissait en faire ses délices, et, comme je suis moi-même très bon musicien, dès ce moment nos cœurs vibrèrent à l'unisson.

Nous causâmes avant souper, et nous fîmes ce qu'on appelle une main à fond. Elle me parla des traités de composition : je les connaissais tous; elle me parla des opéras les plus à la mode : je les savais par cœur; elle me nomma les auteurs les plus connus : je les avais vus pour la plupart. Elle ne finissait pas, parce que depuis longtemps elle n'avait rencontré personne avec qui traiter ce chapitre, dont elle parlait en amateur, quoique j'aie su depuis qu'elle avait professé comme maîtresse de chant.

Après souper, elle envoya chercher ses cahiers; elle chanta, je chantai, nous chantâmes. Jamais je n'y mis plus de zèle; jamais je n'y eus plus de plaisir. M. Prôt avait déjà parlé plusieurs fois de se retirer qu'elle n'en avait pas tenu compte, et nous

sonnions comme deux trompettes le duo de *la
Fausse Magie* :

Vous souvient-il de cette fête?

quand il fit entendre l'ordre du départ.

Il fallut bien finir; mais, au moment où nous
nous quittâmes, Mme Prôt me dit : « Citoyen, quand
on cultive comme vous les beaux-arts, on ne trahit
pas son pays. Je sais que vous demandez quelque
chose à mon mari : vous l'aurez, c'est moi qui vous
le promets. »

A ce discours consolant, je lui baisai la main du
plus chaud de mon cœur; et effectivement, dès le
lendemain matin, je reçus mon sauf-conduit bien
signé et magnifiquement cacheté.

Ainsi fut rempli le but de mon voyage. Je revins
chez moi la tête haute, et, grâce à l'harmonie,
cette aimable fille du Ciel, mon ascension fut retar-
dée d'un bon nombre d'années.

XXIV

POÉTIQUE

Nulla placere diu nec vivere carmina possunt
Quæ scribuntur aquæ potoribus. Ut male sanos
Adscripsit Liber Satyris Faunisque poetas,
Vina fere dulces oluerunt mane Camenæ.
Laudibus arguitur vini vinosus Homerus.
Ennius ipse pater nunquam, nisi potus, ad arma
Prosiluit dicenda. Forum putealque Libonis
Mandabo siccis, adimam cantare severis.
Hoc simul edixit, non cessavere poetæ
Nocturno certare mero, putere diurno.

HORAT., lib. I, ep. 19.

Si j'avais eu assez de temps, j'aurais fait un choix raisonné de poésies gastronomiques, depuis les Grecs et les Latins jusqu'à nos jours, et je l'aurais divisé par époques historiques, pour montrer l'alliance intime qui a toujours existé entre l'art de bien dire et l'art de bien manger.

Ce que je n'ai pas fait, un autre le fera [1]. Nous verrons comment la table a toujours donné le ton à

---

1. Voilà, si je ne me trompe, le troisième ouvrage que je délègue aux travailleurs : 1° *Monographie de l'Obésité*, 2° *Traité théorique et pratique des Haltes de chasse*, 3° *Recueil chronologique de Poésies gastronomiques*.

la lyre, et on aura une preuve additionnelle de l'influence du physique sur le moral.

Jusque vers le milieu du XVIIIe siècle, les poésies de ce genre ont eu surtout pour objet de célébrer Bacchus et ses dons, parce qu'alors boire du vin et en boire beaucoup était le plus haut degré d'exaltation gustuelle auquel on eût pu parvenir. Cependant, pour rompre la monotonie et agrandir la carrière, on y associait l'Amour, association dont il n'est pas certain que l'Amour se trouve bien.

La découverte du nouveau monde et les acquisitions qui en ont été la suite ont amené un nouvel ordre de choses.

Le sucre, le café, le thé, le chocolat, les liqueurs alcooliques et tous les mélanges qui en résultent ont fait de la bonne chère un tout plus composé, dont le vin n'est plus qu'un accessoire plus ou moins obligé, car le thé peut très bien remplacer le vin à déjeuner [1].

Ainsi, une carrière plus vaste s'est ouverte aux poètes de nos jours; ils ont pu chanter les plaisirs de la table sans être nécessairement obligés de se noyer dans la tonne, et déjà des pièces charmantes

---

[1]. Les Anglais et les Hollandais mangent à déjeuner du pain, du beurre, du poisson, du jambon, des œufs, et ne boivent presque jamais que du thé.

ont célébré les nouveaux trésors dont la gastronomie s'est enrichie.

Comme un autre, j'ai ouvert les recueils et j'ai
joui du parfum de ces offrandes éthérées; mais,
tout en admirant les ressources du talent et goûtant
l'harmonie des vers, j'avais une satisfaction de plus
qu'un autre en voyant tous ces auteurs se coor-
donner à mon système favori : car la plupart de ces
jolies choses ont été faites pour dîner, en dînant ou
après dîner.

J'espère bien que des ouvriers habiles exploiteront
la partie de mon domaine que je leur abandonne,
et je me contente en ce moment d'offrir à mes
lecteurs un petit nombre de pièces choisies au gré
de mon caprice, accompagnées de notes très courtes,
pour qu'on ne se creuse pas la tête pour chercher
la raison de mon choix.

CHANSON

DE DÉMOCHARÈS AU FESTIN DE DÉNIAS.

Cette chanson est tirée du *Voyage du jeune
Anacharsis*. Cette raison suffit.

Buvons, chantons Bacchus.

Il se plaît à nos danses, il se plaît à nos chants ; il étouffe
l'envie, la haine et les chagrins. Aux grâces séduisantes, aux
amours enchanteurs, il donna la naissance.

Aimons, buvons, chantons Bacchus.

L'avenir n'est point encore, le présent n'est bientôt plus ;
le seul instant de la vie est l'instant de la jouissance.

Aimons, buvons, chantons Bacchus.

Sages de nos folies, riches de nos plaisirs, foulons aux
pieds la terre et ses vaines grandeurs ; et, dans la douce
ivresse que des momens si beaux font couler dans nos âmes,

Buvons, chantons Bacchus.

(*Voyage du jeune Anacharsis en Grèce*,
t. II, ch. xxv.)

Celle-ci est de Motin, qui, dit-on, fit le premier, en France, des chansons à boire ; elle est du
vrai bon temps de l'ivrognerie et ne manque pas
de verve :

AIR :

Que j'aime en tout temps la taverne !
Que librement je m'y gouverne !
Elle n'a rien d'égal à soi ;
J'y vois tout ce que je demande,
Et les torchons y sont pour moi
De fine toile de Hollande.

Pendant que le chaud nous outrage,
On ne trouve point de bocage
Agréable et frais comme elle est,
Et, quand la froidure m'y mène,
Un malheureux fagot m'y plaît
Plus que tout le bois de Vincenne.

J'y trouve à souhait toutes choses :
Les chardons m'y semblent des roses,

Et les tripes des ortolans.
L'on n'y combat jamais qu'au verre.
Les cabarets et les brelans
Sont les paradis de la terre.

C'est Bacchus que nous devons suivre ;
Le nectar dont il nous enivre
A quelque chose de divin,
Et quiconque a cette louange
D'être homme sans boire du vin,
S'il en buvait, serait un ange.

Le vin me rit, je le caresse :
C'est lui qui bannit ma tristesse
Et réveille tous mes esprits.
Nous nous aimons de même force :
Je le prends, après j'en suis pris ;
Je le porte, et puis il m'emporte.

Quand j'ai mis quarte dessus pinte,
Je suis gai, l'oreille me tinte,
Je recule au lieu d'avancer.
Avec le premier je me frotte,
Et je fais, sans savoir danser,
De beaux entrechats dans la crotte.

Pour moi, jusqu'à ce que je meure,
Je veux que le vin blanc demeure,
Avec le clairet, dans mon corps,
Pourvu que la paix les assemble :
Car je les jetterai dehors
S'ils ne s'accordent bien ensemble.

La suivante est de Racan, un de nos plus anciens poètes ; elle est pleine de grâce et de
philosophie, a servi de modèle à beaucoup d'au-

tres, et paraît plus jeune que son extrait de naissance :

A MAYNARD.

Pourquoi se donner tant de peine?
Buvons plutôt à perdre haleine
De ce nectar délicieux,
Qui, pour l'excellence, précède
Celui même que Ganimède
Verse dans la coupe des dieux.

C'est lui qui fait que les années
Nous durent moins que les journées;
C'est lui qui nous fait rajeunir
Et qui bannit de nos pensées
Le regret des choses passées
Et la crainte de l'avenir.

Buvons, Maynard, à pleine tasse :
L'âge insensiblement se passe
Et nous mène à nos derniers jours.
L'on a beau faire des prières,
Les ans, non plus que les rivières,
Jamais ne rebroussent leur cours.

Le printemps, vêtu de verdure,
Chassera bientôt la froidure;
La mer a son flux et reflux;
Mais, depuis que notre jeunesse
Quitte la place à la vieillesse,
Le temps ne la ramène plus.

Les lois de la mort sont fatales
Aussi bien aux maisons royales
Qu'aux taudis couverts de roseaux.
Tous nos jours sont sujets aux Parques :
Ceux des bergers et des monarques
Sont coupés des mêmes ciseaux.

Leurs rigueurs, par qui tout s'efface,
Ravissent en bien peu d'espace
Ce qu'on a de mieux établi,
Et bientôt nous mèneront boire,
Au delà de la rive noire,
Dans les eaux du fleuve d'Oubli.

Celle-ci est du professeur, qui l'a aussi mise en musique. Il a reculé devant les embarras de la gravure, malgré le plaisir qu'il aurait eu de se savoir sur tous les pianos ; mais, par un bonheur inouï, elle peut se chanter, et *on la chantera* sur l'air du *Vaudeville de Figaro* :

LE CHOIX DES SCIENCES.

Ne poursuivons plus la gloire :
Elle vend cher ses faveurs ;
Tâchons d'oublier l'histoire :
C'est un tissu de malheurs.
Mais appliquons-nous à boire
Ce vin qu'aimaient nos aïeux.
Qu'il est bon, quand il est vieux ! (*Bis.*)

J'ai quitté l'astronomie :
Je m'égarais dans les cieux ;
Je renonce à la chimie :
Ce goût devient trop coûteux.
Mais pour la gastronomie
Je veux suivre mon penchant.
Qu'il est doux d'être gourmand ! (*Bis.*)

Jeune, je lisais sans cesse ;
Mes cheveux en sont tout gris :
Les sept sages de la Grèce
Ne m'ont pourtant rien appris.

Je travaille la paresse :
C'est un aimable péché.
Ah ! comme on est bien, couché ! (*Bis.*)

J'étais fort en médecine,
Je m'en tirais à plaisir ;
Mais tout ce qu'elle imagine
Ne fait qu'aider à mourir.
Je préfère la cuisine :
C'est un art réparateur.
Quel grand homme qu'un traiteur ! (*Bis.*)

Ces travaux sont un peu rudes ;
Mais, sur le déclin du jour,
Pour égayer mes études,
Je laisse approcher l'amour.
Malgré les caquets des prudes,
L'amour est un joli jeu :
Jouons-le toujours un peu. (*Bis.*)

J'ai vu *naître* le couplet suivant, et voilà pourquoi je l'ai *planté*. Les truffes sont la divinité du jour, et peut-être cette idolâtrie ne nous fait-elle pas honneur.

IMPROMPTU.

Buvons à la truffe noire,
Et ne soyons point ingrats !
Elle assure la victoire
Dans les plus charmans combats.
　　　Au secours
　　　Des amours,
Du plaisir la providence
Envoya cette substance :
Qu'on en serve tous les jours.

　　Par M. Boscary de Villeplaine, *amateur
　　distingué et élève chéri du professeur.*

Je finis par une pièce de vers qui appartenait à
la Méditation XXVI[1].

J'ai voulu la mettre en musique, et n'ai pas réussi
à mon gré. Un autre fera mieux, surtout s'il se
monte un peu la tête. L'harmonie doit en être
forte, et marquer au deuxième couplet que le malade empire.

L'AGONIE

Romance physiologique.

Dans tous mes sens, hélas! faiblit la vie;
Mon œil est terne et mon corps sans chaleur.
Louise pleure, et cette tendre amie,
En frémissant, met la main sur mon cœur.
Des visiteurs la troupe fugitive
A pris congé pour ne plus revenir;
Le docteur part, et le pasteur arrive...
    Je vais mourir.

Je veux prier : ma tête s'y refuse;
Je veux parler, et ne puis m'exprimer;
Un tintement m'inquiète et m'abuse;
Je ne sais quoi me paraît voltiger.
Je ne vois plus. Ma poitrine oppressée
Va s'épuiser pour former un soupir;
Il errera sur ma bouche glacée...
    Je vais mourir.

Par le PROFESSEUR.

---

1. Voyez ci-devant, en ce volume, pages 93 et suivantes.

XXV

M. HENRION DE PANSEY

Je croyais de bonne foi être le premier qui eût conçu, *de nos jours,* l'idée de l'Académie des gastronomes; mais je crains bien d'avoir été devancé, comme cela arrive quelquefois. On peut en juger par le fait suivant, qui a près de quinze ans de date :

M. le président Henrion de Pansey, dont l'enjouement spirituel a bravé les glaces de l'âge, s'adressant à trois des savans les plus distingués de l'époque actuelle (MM. de Laplace, Chaptal et Berthollet), leur disait, en 1812 : « Je regarde la découverte d'un mets nouveau qui soutient notre appétit et prolonge nos jouissances comme un événement bien plus intéressant que la découverte d'une étoile. On en voit toujours assez.

« Je ne regarderai point, continuait ce magistrat, les sciences comme suffisamment honorées, ni comme convenablement représentées, tant que je ne verrai pas un cuisinier siéger à la première classe de l'Institut. »

Ce cher président était toujours en joie quand il songeait à l'objet de mon travail; il voulait me fournir une épigraphe, et disait que ce ne fut pas *l'Esprit des Lois* qui ouvrit à M. de Montesquieu les portes de l'Académie. C'est chez lui que j'ai appris que le professeur Berriat-Saint-Prix avait fait un roman, et c'est encore lui qui m'a indiqué le chapitre où il est parlé de l'industrie alimentaire des émigrés. Aussi, comme il faut que justice se fasse, je lui ai érigé le quatrain suivant, qui contient à la fois son histoire et son éloge :

VERS

POUR ÊTRE MIS AU BAS DU PORTRAIT DE M. HENRION DE PANSEY.

Dans ses doctes travaux il fut infatigable ;
Il eut de grands emplois qu'il remplit dignement,
Et, quoiqu'il fût profond, érudit et savant,
Il ne se crut jamais dispensé d'être aimable.

M. le président Henrion reçut en 1814 le portefeuille de la justice, et les employés de ce ministère ont gardé la mémoire de la réponse qu'il leur fit lorsqu'ils vinrent en corps lui présenter un premier hommage.

« Messieurs, leur dit-il avec ce ton paternel qui sied si bien à sa haute taille et à son grand âge, il est probable que je ne resterai pas avec vous assez de temps pour vous faire du bien ; mais, du moins, soyez assurés que je ne vous ferai pas de mal. »

XXVI

INDICATIONS

Voilà mon ouvrage fini, et cependant, pour montrer que je ne suis pas hors d'haleine, je vais faire d'une pierre trois coups.

Je donnerai à mes lecteurs de tous les pays des indications dont ils feront leur profit; je donnerai à mes artistes de prédilection un souvenir dont ils sont dignes, et je donnerai au public un échantillon du bois dont je me chauffe.

1º Mme Chevet, magasin de comestibles, Palais-Royal, nº 220, près du Théâtre-Français. Je suis pour elle un client plus fidèle que gros consommateur. Nos rapports datent de son apparition sur l'horizon gastronomique, et elle a eu la bonté de pleurer ma mort. Ce n'était heureusement qu'une méprise par ressemblance.

Mme Chevet est l'intermédiaire obligé entre la haute comestibilité et les grandes fortunes; elle doit sa prospérité à la pureté de sa foi commerciale: tout ce que le temps a atteint disparaît de chez elle comme par enchantement. La nature de son commerce exige qu'elle fasse un gain assez prononcé; mais, le prix une fois convenu, on est

sûr d'avoir de l'excellent. Cette foi sera hérédi-
taire, et ses demoiselles, à peine échappées à l'enfance, suivent déjà invariablement les mêmes principes.

Mme Chevet a des chargés d'affaires dans tous
les pays où peuvent atteindre les vœux du gastronome le plus capricieux, et plus elle a eu de ri-
vaux, plus elle s'est élevée dans l'opinion.

2° M. Achard, pâtissier petit fournier, rue de
Grammont, n° 9, Lyonnais, établi depuis environ
dix ans, a commencé sa réputation par des biscuits
de fécule et des gaufres à la vanille qui ont été
longtemps inimitées.

Tout ce qui est dans son magasin a quelque
chose de fini et de coquet qu'on chercherait vainement ailleurs : la main de l'homme n'y paraît pas.
On dirait des productions naturelles de quelque
pays enchanté : aussi tout ce qui se fait chez lui
est enlevé le jour même; on peut dire qu'il n'a
point de lendemain.

Dans les beaux jours équinoxiaux, on voit arriver à chaque instant, rue de Grammont, quelque
brillant carricle ordinairement chargé d'un beau
Titus et d'une jolie emplumée. Le premier se préci-
pite chez Achard, où il s'arme d'un gros cornet de
friandises. A son retour, il est salué par un : « Oh!
mon ami, que cela a bonne mine! », ou bien d'un :
O dear! how it looks good! my mouth!... Et vite

le cheval part et mène tout cela au bois de Boulogne.

Les gourmands ont tant d'ardeur et de bonté qu'ils ont supporté pendant longtemps les aspérités d'une demoiselle de boutique disgracieuse. Cet inconvénient a disparu : le comptoir est renouvelé, et la jolie petite main de Mlle Anna Achard donne un nouveau mérite à des préparations qui se recommandent déjà par elles-mêmes.

3o M. Limet, rue de Richelieu, n° 79, mon voisin, boulanger de plusieurs altesses, a aussi fixé mon choix

Acquéreur d'un fonds assez insignifiant, il l'a promptement élevé à un haut degré de prospérité et de réputation.

Ses pains taxés sont très beaux, et il est difficile de réunir dans les pains de luxe tant de blancheur, de saveur et de légèreté.

Les étrangers, aussi bien que les habitans des départemens, trouvent toujours chez M. Limet le pain auquel ils sont accoutumés : aussi les consommateurs viennent en personne, défilent et font quelquefois queue.

Ces succès n'étonneront pas quand on saura que M. Limet ne se traîne point dans l'ornière de la routine, qu'il travaille avec assiduité pour découvrir de nouvelles ressources, et qu'il est dirigé par des savans du premier ordre.

XXVII

LES PRIVATIONS

ÉLÉGIE HISTORIQUE.

Premiers parens du genre humain, dont la gourmandise est historique, qui vous perdîtes pour une pomme, que n'auriez-vous pas fait pour une dinde aux truffes? Mais il n'était dans le paradis terrestre ni cuisiniers ni confiseurs.

Que je vous plains!

Rois puissans qui ruinâtes la superbe Troie, votre valeur passera d'âge en âge; mais votre table était mauvaise. Réduits à la cuisse de bœuf et au dos de cochon, vous ignorâtes toujours les charmes de la matelote et les délices de la fricassée de poulets.

Que je vous plains!

Aspasie, Chloé, et vous toutes dont le ciseau des Grecs éternisa les formes pour le désespoir des belles d'aujourd'hui, jamais votre bouche charmante n'aspira la suavité d'une meringue à la vanille ou à la rose; à peine vous élevâtes-vous jusqu'au pain d'épice.

Que je vous plains!

Douces prêtresses de Vesta, comblées à la fois
de tant d'honneurs et menacées de si horribles sup-
plices, si du moins vous aviez goûté ces sirops
aimables qui rafraîchissent l'âme, ces fruits confits
qui bravent les saisons, ces crèmes parfumées, merveilles de nos jours!

Que je vous plains!

Financiers romains, qui pressurâtes tout l'univers
connu, jamais vos salons si renommés ne virent
paraître ni ces gelées succulentes, délices des paresseux, ni ces glaces variées, dont le froid brave-
rait la zone torride.

Que je vous plains!

Paladins invincibles, célébrés par des chantres
gabeurs, quand vous aviez pourfendu des géants,
délivré des dames, exterminé des armées, jamais,
hélas! jamais une captive aux yeux noirs ne vous
présenta le champagne mousseux, la malvoisie de
Madère, les liqueurs création du grand siècle :
vous en étiez réduits à la cervoise ou au surènes
herbé.

Que je vous plains!

Abbés crossés, mitrés, dispensateurs des faveurs
du Ciel, et vous, templiers terribles, qui armâtes
vos bras pour l'extermination des Sarrasins, vous ne

connûtes pas les douceurs du chocolat qui restaure,
ou de la fève arabique qui fait penser.

Que je vous plains!

Superbes châtelaines, qui, pendant le vide des
croisades, éleviez au rang suprême vos aumôniers
et vos pages, vous ne partageâtes point avec
eux les charmes du biscuit et les délices du ma-
caron.

Que je vous plains!   .

Et vous, enfin, gastronomes de 1825, qui trou-
vez déjà la satiété au sein de l'abondance et rêvez
des préparations nouvelles, vous ne jouirez pas des
découvertes que les sciences préparent pour l'an
1900, telles que les esculences minérales, les liqueurs
résultat de la pression de cent atmosphères; vous
ne verrez pas les importations que des voyageurs
qui ne sont pas encore nés feront arriver de cette
moitié du globe qui reste encore à découvrir ou à
explorer.

Que je vous plains!

ENVOI AUX GASTRONOMES

DES DEUX MONDES

Excellences !

Le travail dont je vous fais hommage a pour but de développer à tous les yeux les principes de la science dont vous êtes l'ornement et le soutien.

J'offre aussi un premier encens à la Gastronomie, cette jeune immortelle qui, à peine parée de sa couronne d'étoiles, s'élève déjà au-dessus de ses sœurs, semblable à Calypso, qui dépassait de toute la tête le groupe charmant des nymphes dont elle était entourée.

Le temple de la Gastronomie, ornement de la métropole du monde, élèvera bientôt vers le ciel ses portiques immenses; vous les ferez retentir de vos voix, vous les enrichirez de vos dons; et, quand l'Académie promise par les oracles s'établira sur les bases immuables du plaisir et de la nécessité,

gourmands éclairés, convives aimables, vous en serez
les membres ou les correspondants.

En attendant, levez vers le ciel vos faces radieuses ;
avancez dans votre force et votre majesté : l'univers
esculent est ouvert devant vous.

Travaillez, Excellences ; professez pour le bien de
la science ; digérez, dans votre intérêt particulier ;
et si, dans le cours de vos travaux, il vous arrive de
faire quelque découverte importante, veuillez en faire
part au plus humble de vos serviteurs.

L'Auteur des MÉDITATIONS GASTRONOMIQUES.

TABLE DES MATIÈRES

CONTENUES DANS LE SECOND VOLUME

MÉDITATION XX.

MÉDITATION XXI.

MÉDITATION XXII.

MÉDITATION XXIII.

MÉDITATION XXVIII.

MÉDITATION XXIX.

MÉDITATION XXX.

VARIÉTÉS.

Paris, imprimerie Jouaust, rue Saint-Honoré, 338.

PETITE BIBLIOTHÈQUE ARTISTIQUE

Tirage in-16 à pet... ... ...nde, plus
25 exemplaires sur papi... de C... ... W...man.
Tirage en GRAND PAPIER (... ... ... p...es sur
papier de Hollande, 20 pap. de Chu... ... .. Whatman.

HEPTAMÉRON ... R... de Navarre... ... FLAMENG.
8 fascic... . F...
DÉCAMÉRON ... ... FLAMENG. 10 fasci-
cul.s. F...
CENT ... N... ... ... J. GARNIER,
grav. par ... ... 50 fr.
MANON ... ... 25 fr.
GULLIVER ... ... 30 fr.
VOYAGE S... NTIM... ... ... 25 fr.
RABELAIS. L.s Ci... ... ... 50 fr.
PERRAULT ... ... 30 fr.
CONTES RÉ... ... ... de J.
WORMS, grav. par RAJON... ... 20 fr.
VOYAGE AUTOUR DE ... ...istre,
grav. d'HÉDOUIN. ... ... 20 fr.
ROMANS DE VOLTAI... ... ... Cinq
fascicules. ... ... 45 fr.
ROBINSON CRUSOÉ, ... 40 fr.
PAUL ET VIRGINIE, grav. ... ... 20 fr.
CHANSONS DE NADAUD, grav. ... ... 10 fr.
PHYSIOLOGIE DU GOUT, grav. de ... ... 60 fr.
Sous presse : CONFESSIONS DE ROUSSEAU, DAMES GALAN...

NOTA. — Les prix indiqués sont ceux du ... ... Les
amateurs qui désireront des exemplaires in-8°, ... des exemplaires chine ou whatman des deux formats, sont priés de nous
demander s'il nous en reste encore.

Novembre 1879.

www.ingramcontent.com/pod-product-compliance
Lightning Source LLC
Chambersburg PA
CBHW060402200326
41518CB00009B/1223